ナイロン発明の衝撃

ナイロンが日本に与えた影響

博士(学術)／理学博士
井上尚之

関西学院大学出版会

ナイロン発明の衝撃

ナイロンが日本に与えた影響

はじめに

　1938年（昭和13）10月27日、ニューヨークのヘラルド・トリビューン会館でデュポン社の副社長スタインがはじめてナイロンを公表した。
　「ナイロンは石炭と空気と水からつくられ、鋼鉄のごとく強くクモの糸のごとく細し」という有名な言葉を述べて公表した。日本では、1936年（昭和11）にセルロース再生繊維であるレーヨンの生産がアメリカ合衆国を抜き世界第1位となり、レーヨンの短く切断したステイプルファイバー、すなわちスフの生産高も1938年（昭和13）に世界1位となっていた。1937年（昭和12）でみると我国の輸出総額31億7,500万円のうち繊維製品の輸出額は17億1,100万円であり、全体の54％を占めていた。この内訳は、綿製品が44.2％、絹製品が30.1％、レーヨン製品が13.8％、毛製品5.3％、麻製品0.3％というものであった。特にナイロンはスタインも発表時に強調したとおり、絹の駆逐を対象にした商品であり、生糸・絹関係者は発表前からナイロンに戦戦恐恐としていた。また、レーヨン関係者もその発表をかたずをのんで見守っていた。政府関係者もこのナイロン発表は見すごすわけにはいかなかった。上述のごとく絹製品の輸出は我国の総輸出額の約20％近く占める輸出の大宗であり、我国養蚕農家200万の死活がかかっていたからである。
　本書は、ナイロンの出現が日本へ与えた影響を多方面から究明するものである。日本のアカデミズム、繊維会社、政府、一般大衆等にどのような影響を与えたかを闡明し、この科学的異文化を日本全体がどのように受容し対応していったかを明らかにする。特に戦後、大発展した日本の高分子化学にどのような影響を与えたかを特に詳細に検討する。
　そのための予備知識として、第1章として「高分子説と会合体説の論争」としてナイロン発明前夜のシュタウディンガーの高分子説と低分子が会合し

たものに他ならないとするそれまでの多くの学者の説との論争をとり上げる。

第2章では、「カロザースのナイロン発明」と題して、カロザースがどのような目的でいかにナイロンを合成し、高分子説を不動にしたかを究明する。

第3章からは日本に目を移し、ナイロン出現前夜の日本の製糸産業と繊維工業の実体を概観し、ナイロン出現による製糸産業や繊維工業への影響を考えるうえでの参考とする。第4章ではいよいよナイロンの発明が日本に与えた影響を考察していく。そのために、第4章では「ナイロン出現とその影響」と題して、第1節で日本への最初のナイロンがどのようなルートでもたらされたかを解明する。第2節ではナイロン見本品の試験結果をつまびらかにすることによって、繊維を分析する日本の科学技術の高さ及び発表当時のナイロンの本質が真に絹を凌駕するものであったかどうかを明らかにする。第3節では、当時発行の新聞に載ったナイロンの投書や大学人、産業人の意見をもとにナイロン出現に対する一般大衆や知識階級、産業界の反応をみる。

第5章では、「財団法人日本合成繊維研究協会設立」と題して、政府、財界、大学関係者が一致団結してナイロン出現に対応するためにつくった、今までに例をみない大財団法人である「財団法人日本合成繊維研究協会」の設立の経緯とその実体を解明する。

第6章では、「日本における合成繊維研究　ビニロン」と題して、ナイロンに対抗しうる合成繊維として研究されたビニロンについてどのような経緯でいかに完成されていったかを解明する。第1節では京大内に設立された財団法人日本化学繊維研究所について調査し、第2節では京都大学の桜田一郎教授について究明する。第3節では、京都大学とは全く独立してビニロンの研究・工業化に取りくんだ鐘紡について解明する。第4節では戦後ビニロンで成功した倉敷絹織の戦前の状態を探る。

第7章では「日本のナイロン研究」と題して日本で研究されたナイロンを精査する。

第8章では、「戦後の日本の高分子化学の発展」と題して、戦後の日本の高分子化学の発展を概観し、カロザースのナイロンの発明が日本及び日本の高分子化学に与えた影響を総括し、結論づける。

目 次

はじめに ———————————————————————— 3

第1章 高分子説と会合体説の論争 ———————————— 7
第1節 低分子会合体（ミセル）説
第2節 シュタウディンガーの高分子説
第3節 高分子論争
第4節 スベドベリのタンパク質の分子量測定とマルク、マイヤーの
　　　 セルロースミセル説
文　献

第2章 カロザースのナイロン発明 ———————————— 19
第1節 カロザースの経歴
第2節 デュポン社の歴史
第3節 カロザースのスーパーポリマーの合成
第4節 カロザースのナイロン発明
第5節 ナイロン工業化への道
文　献

第3章 ナイロン出現時の日本の生糸産業と繊維工業 —————— 43
第1節 ナイロン出現時の日本の製糸産業の状況
第2節 ナイロン出現時の日本の繊維工業
文　献

第4章 ナイロン出現とその影響 ————————————— 51
第1節 日本への最初のナイロン
第2節 ナイロン見本品の試験結果
第3節 ナイロン出現時の世論
文　献

第5章 財団法人日本合成繊維研究協会設立 ————————— 77
第1節 荒井溪吉氏の活躍

第2節　財団法人日本合成繊維研究協会の活動
　　　第3節　財団法人日本合成繊維研究協会から財団法人高分子化学協会
　　　　　　への変貌
　　　文　献

第6章　日本における合成繊維研究　ビニロン ──────────── 89
　　　第1節　京都大学の場合　──財団法人日本化学繊維研究所の設立
　　　第2節　ビニロン研究　──桜田一郎氏の場合
　　　第3節　ビニロン研究　──鐘紡　矢沢将英氏の場合
　　　第4節　倉敷絹織の場合
　　　文　献

第7章　日本のナイロン研究 ─────────────────── 107
　　　第1節　京都大学における小田、目代氏のナイロン研究
　　　第2節　東洋レーヨンにおけるナイロン研究
　　　第3節　ナイロン6のドイツにおける実態
　　　文　献

第8章　戦後の日本の高分子化学の発展 ───────────── 125
　　　第1節　ナイロンとビニロンの躍進
　　　第2節　絹の凋落
　　　第3節　結論
　　　文　献

あとがき ───────────────────────── 151
年　表 ─────────────────────────── 153
文献一覧 ───────────────────────────── 159

1 高分子説と会合体説の論争

第1節 低分子会合体（ミセル）説

　1920年代までは、高分子量の分子の存在そのものに否定的な見解がアカデミズムを支配していた。当時、最高峰の有機化学者であったフィッシャー（Fischer, Emil Hermann 1852-1919）は、1913年にウィーン自然科学者協会で行なった講演で、当時彼らのグループが合成した分子量4021の糖誘導体が、大部分の天然タンパク質よりも大きな分子量をもっている、という見解を示している[1]。彼らは、自然界に存在しうる高分子量の分子の限界に到達したと考えていたわけである。フィッシャーの影響などもあって、当時は分子量5000以上の化合物は存在し得ない、という考えが支配的であった。

　会合説（ミセル説）を初めて提唱したのは、チューリッヒの植物学者ネーゲリ（Nageli, Karl Wilhelm von 1817-1891）である。1870年、ネーゲリは、デンプンやセルロースなど植物組織の構成物質の構造について研究し、分子会合体としてのミセルの考えを提案した。ネーゲリのミセル説は、コロイド科学者によって、コロイド状態の説明に導入された。1910年代、コロイド科学の強力な推進者であったオストワルト（Ostwald, Friedrich Wilhelm 1853-1932）は、コロイドは新しい種類の物質ではなくて、物質の新しい状態である、という考えを発表している。それによると、いかなる物質でも、適当な大きさの粒子になればコロイドとなりうる。その意味で、コロイドは通常の物質の適当な大きさの会合体、すなわちミセルである。

　フィッシャーなどの当時の化学者の"常識"からすれば、デンプンのようなコロイド溶液となる物質は、基本構成単位である低分子化合物が溶液中

でミセルを形成するためである、ということになる。

ここで会合説の具体例をデンプン及びゴムを例にみてみることにする。ネーゲリは植物組織に関する主として顕微鏡的な観察から、でんぷん粒子、セルロース繊維などはミセルと称する単位から成立することを考え、図1のような模型を提出した。ミセルは低分子の集団からなる結晶性の微粒子であり、でんぷん粒が水で膨潤するような場合には、水は単にミセルの間隙を侵入し得るだけであり、溶解するときにおいても、ミセル自身は水に対して不関性であり、ミセルの大きさにまで分散されるが、それ以上細かくは分散されない。

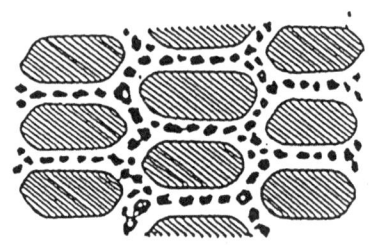

図1 ネーゲリのミセル構造

1920年に、ヘルツォーク（Herzog, R. O. 1878-1935）らは綿、ラミー（イラクサ科の多年生繊維植物。茎の繊維は水に強いので糸や魚網とする）などの天然セルロース繊維に関し研究し、そのX線図からセルロース分子はこれらの繊維において全然不規則に無定形の形で存在しているのではなく、規則正しく結晶状に配列して微粒子を形成し、しかもこの結晶性微粒子自身も繊維においては一定の配列をとっていることを明らかにした。

ヘルツォークは、ミセルの存在を、新しい武器であるX線によって支持し、ネーゲリの説を継承したわけである。

ヘルツォークの研究はポラニー（Polanyi, M. 1891-1976）らを傘下に迎えることによってさらに発展した。これらの研究者たちは、ラミーなどの与えるX線繊維図の理論的解釈に成功し、さらに進んで、セルロースの結晶の単位胞の大きさまで計算することができた。このようにしてみいだされた単

位胞は、セルロースの化学的単位であるグルコース基 $C_6H_{10}O_5$ をまさに 4 個収容するに足る大きさを持っていた。

このような時代における結晶学的知識によれば、結晶の幾何学的単位たる単位胞は、化学的な単位である分子とその大きさを等しくするか、あるいは、単位胞は、整数個の分子を収容しているはずであった。この考えをそのままセルロースにもちこむと、セルロースの分子の大きさに対して次のようなことがいい得る。すなわち、セルロース分子は $C_6H_{10}O_5$ であり、それが 4 個集って単位胞をつくっているか、あるいは、分子は $C_{12}H_{20}O_{10}$ であり、それが 2 個集って単位胞をつくっているか、さらにまた、セルロース分子は $C_{24}H_{40}O_{20}$ であるかである。さらに、従来そのような例は認められていなかったのであるが、もう 1 つの残された可能性は、セルロース分子は、$C_6H_{10}O_5$ の、ほとんど無限に長い鎖からできているということである。この最後の可能性が、後述するごとく、正しいセルロースの構造を画き出したものなのであるが、ヘルツォーク自身、この最後の可能性を一応は考慮したものの、彼は、セルロース分子を $C_{12}H_{20}O_{10}$ とする考えに傾いていた。

すなわち、ヘルツォークの考えは、ミセルが低分子から成立する結晶微粒子であるとする点においても、ネーゲリとまったく同じであった。さらに、ヘルツォークはミセルの大きさを X 線図における干渉の幅から推定し、一方硝酸セルロースの溶液について、拡散実験から粒子の大きさを求め、固体におけるミセルの大きさと、溶液中の粒子の大きさが同一であり、セルロースはミセルの大きさにまで分散するということが証明できたと考えた。

ハリエス（Harries Carl Dietrich, 1866-1923）は 1904 年に有名なゴムのオゾン分解に関する実験を行ない、オゾン化物を加水分解してレブリンアルデヒドおよびレブリン酸を好収率で得、

$$=CH-CH_2-CH_2-\underset{\underset{CH_3}{|}}{C}=$$

なる構造がゴム分子中にそのまま存在するものと解釈した[2]。この解釈は今日においても正しい。このような構造単位は環状構造をしているか、あるいは両端を開放した鎖状構造をしているかどちらかである。彼はゴムの実験式が上の単位にまさに合致する C_5H_8 であることに着目し、もし末端基があれ

ば、当然その実験式は変化しなければならないとの理由から、非常に長い鎖状構造という考えを捨てて、ゴム分子は上に示した単位が2個環状結合したジメチルシクロオクタジエンであり、このような低分子が主として二重結合にもとづく部分原子価（原子間の化学結合ではなく、分子間にはたらく弱い力のもとになっていると考えられるもの）により会合して下のような構造になり、コロイド性を示すものと主張した。

$$\left\{ \begin{array}{c} \text{CH}_3 \\ | \\ \text{CH}_2-\text{CH}=\text{C}-\text{CH}_2 \\ | \qquad\qquad\qquad | \\ \text{CH}_2-\text{CH}=\text{C}-\text{CH}_2 \\ | \\ \text{CH}_3 \end{array} \right\}_x$$

非常に長い開鎖構造を考えれば、末端基の実験式に対する影響は無視してよいわけであるが、この時代においては、さきにフィッシャーの見解について一言したように、たとえ鎖状構造を考えたとしても、一般に、あまり長い鎖を考えなかったために、ハリエスのような結論になったわけである。

第2節　シュタウディンガーの高分子説

1920年ごろから、シュタウディンガー（Staudinger, Hermann 1881-1965）は高分子に関する研究に着手したのであるが、その当時から彼は、いわゆる高分子物質を、部分原子価により結びつけられている分子の会合物であるとする一般的な考えに反対であった。そして、ゴム、セルロースなどの天然物のみについて研究するのでなく、ポリスチレン、ポリオキシメチレンなどの合成物をその参考にとりあげて研究した。そして、これらの分子に対しては、それぞれ次のような鎖状構造を考えた。

$$-\text{CH}_2-\underset{\underset{\text{C}_6\text{H}_5}{|}}{\text{CH}}-\text{CH}_2-\underset{\underset{\text{C}_6\text{H}_5}{|}}{\text{CH}}-\text{CH}_2-\underset{\underset{\text{C}_6\text{H}_5}{|}}{\text{CH}}-$$

$$-\text{CH}_2-\text{O}-\text{CH}_2-\text{O}-\text{CH}_2-\text{O}-$$

彼にこのような確信をいだかせた最も大きい理由は水素化ゴムに関する研究にあった。ハリエスその他がゴムを低分子ジメチルシクロオクタジエンの会合物と考え、それが一般に受け入れられていたことは既述のごとくであるが、ゴムが会合分子であれば、その会合の原因になる二次的な力は当然ゴム分子の二重結合にもとづくはずである。もし、このような考えが正しいとすれば、ゴムを水素化し、二重結合を奪ってやれば、ゴムの高分子的——コロイド的性質は失われなければならない。シュタウディンガーらは実際にゴムを水素化し、水素化ゴムは依然として、原料ゴム同様の種々の高分子的性質を有することを確かめ、ゴムは低分子の化合物でなく、長い鎖状分子であるとの結論に達した。

　それ以後、彼はセルロース、でんぷんなどの天然高分子、ポリスチレン、ポリ酢酸ビニルなどの合成高分子に関し、これらを誘導体に変じる実験を行ない、そのコロイド化学的性質特に溶液粘度を測定し、これらの物質を誘導体に変じても、そのコロイド化学的特性に変化のないことから、これらの化学変化において、鎖状高分子の骨組は変化のないものであるとして、高分子は、ケクレ（Kekule, Friedrich August 1829-1896）の主原子価により原子が長い鎖状に連続している構造を有するものであるとの確信を深くした。このような研究手段は後に重合類似変化としてシュタウディンガーの有力な一般的研究手段となった。

　シュタウディンガーらの研究の、最も一般的な道しるべとなったのは高分子溶液の粘度であった。粘度測定は粘度計を用いて次のように行われる。

　粘度計の毛細管中を高分子の希薄溶液及び純溶媒が流下する時間 t, t_0 及びそれぞれの密度 d, d_0 を測定する。このとき比粘度 η_{SP}（specific viscosity）が

$$\eta_{SP} = \frac{t - t_0}{t_0} = \frac{t}{t_0} - 1$$

で定義され、η_{SP} をモル濃度 C で割った η_{SP}/C を粘度数（viscosity number）と呼ぶ。

　シュタウディンガーは粘度として、十分希薄な溶液の粘度数 η_{SP}/C をとり、種々の系列の高分子化合物において分子量が凝固点降下法、沸点上昇法などで求められるものについて、次に示すような簡単な関係の成立すること

を認めた。

$$\eta_{SP}/C = K_m M$$

　K_mは分子量に無関係な定数であり、Mは分子量である。より高級なものになると分子量の測定はシュタウディンガーの研究の初期においては困難であったが、η_{SP}/Cの価は大きくなる。そこで彼は上式の関係がこのような高級なものにも成立するものとして、上式をそのまま用いて分子量を推定した。この粘度式の導出においては、シュタウディンガーのもとに留学していた野津竜三郎（後の京大教授）と落合英二（後の東大教授）の粘度測定のデータが利用され、1930年に発表された。たとえばセルロースの分子量は約20万以上という結論に到達している[3]。その後浸透圧による分子量が正確に求められるようになり、セルロース誘導体のような場合にはこの関係は高分子量の領域までほぼ成立することが明らかになった。しかし、ビニル化合物の重合物などの場合には成立しないことが後に我国の京大教授の桜田一郎氏等によって指摘された。桜田氏は上式を拡張して1940年に次式を提出した。

$$\eta_{SP}/C = K M^a$$

　この形の式はその後多数の研究者の採用するところとなり、今日粘度と分子量、分子の形などを論議する一般的な基礎となっている。

　シュタウディンガーは、高分子化合物が会合分子であればその溶液の粘度つまり粘度数は溶液温度、溶剤の種類などにより変化しなければならないと考えた。たとえばせっけん水溶液は温度により分散状態が変化する。また水溶液中ではせっけんは会合分子あるいはミセルコロイドとして溶解しているが、アルコール溶液中では分子分散状であり、溶媒により分散状態がかわる。したがって粘度は変化する。シュタウディンガーは実際に高分子を種々の溶剤に溶解してη_{SP}/Cを測定したが、その値はほとんど変化しなかった。このような実験結果からシュタウディンガーは高分子化合物は、真実に原子が主原子価によってつながった高分子であり、温度変化による分子間力の変化により、また溶媒による溶媒和力の変化により会合度を異にする会合分子ではないことを明らかにした。

　有機化学的に見て決定的なのは、1930年以降に行われた分子量1万以上

のセルロース誘導体に関する詳細な研究で粘度法による分子量と末端基の定量による分子量及び浸透圧法による分子量が一致するという結果をシュタウディンガーが得たことである。

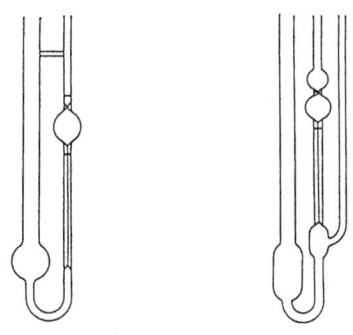

図2　粘度計の例

第3節　高分子論争

　この論争は、1926年から1930年にかけて頂点に達した。"高分子"(macromolecule, Makromolekule) という名称を提案したのは、シュタウディンガーであり、これを我国で"高分子"と訳したのは京大教授の桜田一郎氏である。

　1925年のスイスのチューリッヒ化学会で、シュタウディンガーの巨大分子説発表の直後、著名な鉱物学者パウル・ニグリ (Paul Niggli, 1888-1953) が会場で立ち上がり、"そんなものは存在しない！"[4]と叫んだという。

　有機化学者カレル、鉱物学者ニグリ、コロイド化学者ウィーグナー、物理学者シエラー、そしてX線結晶学者（後にセルロース化学者）のオットは、シュタウディンガーの考えは正確な科学データーと相容れないものであるから不可能であると、彼を納得させようと試みた。たとえば、結晶学者のニグリは、純粋な物質ならすべて結晶化するはずであり、もしシュタウディンガー

が合成したポリスチレンその他のポリマーが純粋ならば、結晶化するはずであると述べた。しかし、シュタウディンガーは、高分子が存在するという彼の考えは完全に正しいと信じていた。会の出席者は事実上全員が、彼や彼の意見への反対者であった。荒れ模様の講演会は、シュタウディンガーが批判者たちに抗して、"私の立場はこれだ、これしかないのだ" と叫ぶうちに幕を閉じた[5]。この後、彼の友人の有機化学者ハインリッヒ・ウィーラント（Heinrich Wieland, 1877-1957, 1927年度ノーベル化学賞受賞者）が、シュタウディンガーに次のような進言をしている。

「拝啓、大きな分子という考えは放置しておきなさい。分子量5,000以上の有機分子は存在しません。ゴムのような、あなたの合成したものを精製してみなさい。そうすればそれらは結晶化し、もっと小さな分子であることがわかるでしょう」[6]。

この衝突の結果、高分子論（ポリマー論）と会合体論の論争はドイツで広く知れわたるところとなり、ドイツ自然科学者医学者協会は、1年後に、デュッセルドルフ学会の1部門を、この問題に提供した。この席でシュタウディンガーは、マックス・ベルクマン（Max Bergmann, 1886-1994）やハンス・プリングスハイム（Hans Pringsheim, 1876-1940）といった錚々たる会合体説支持者の反撃の矢面に立たされ、四面楚歌の状態であった。

しかし、シュタウディンガーは最後に高分子説を防御すべく演壇に立った。彼は、重合、水素添加、粘度の比較、融点、分画したポリマーの溶解度に関して、1923年から1926年にかけてチューリッヒで博士課程の学生が行なっていた一連の印象的なデータを聴衆の前につきつけることができた。1920年に始めたポリオキシメチレンの研究や、その3年後に始めたポリスチレン同族列に関する研究を援用することもできた。ポリスチレンがヘキサヒドロポリスチレンになる反応や、ポリインデンがヘキサヒドロポリインデンになる反応では、反応物と生成物は同じ平均分子量をもち、その反応も正常な化学反応であり、コロイドのいわゆる非化学量論的な行動によって影響を受けることはなかった。これは、これらのポリマーでは "モノマーが主原子価によってつながっている" 明らかな証拠であると、彼は宣言した[7]。そして、堂々と高分子（Makromolekule）という名称を用いた。だが、こうしてすべてがすんだのちに、明らかにシュタウディンガーの側についたのは、ポ

リスチレンの水素添加実験で確信を抱いた会議の議長ヴィルシュタッター（Richard Willstatter）だけであった。

第4節　スベドベリのタンパク質の分子量測定とマルク、マイヤーのセルロースミセル説

　1926年のドイツ自然科学者医学者協会のデュッセルドルフ学会でシュタウディンガーが高分子の実在を主張したその年、スウェーデンでは分子量1万を越える分子量測定が行われていた。スウェーデンのウプサラ大学教授のスベドベリ（Svedberg, Theodor 1884–1971）である。彼はこの年、1926年に高度分散コロイドの研究によりノーベル化学賞も受賞している。

　スベドベリは1924年に超遠心機を作ることに成功し、1925年には超遠心機のセル内における沈降界面の移動速度と広がり方から、沈降係数 s と拡散係数 D を評価する方法を用いて溶質分子量 M を求める式を導き出した。

$$M = RTs/D(1-v\rho)$$

　ここで v は溶質の部分比体積、ρ は溶液密度、T は絶対温度、R は気体定数である。

　1926年から1928年にかけて次のようなタンパク質の分子量を超遠心機と上式から導いている。

1926年	ヘモグロビン	68000
1926年	卵アルブミン	45000
1928年	血清アルブミン	67000
1928年	ヘモシアニン	5000000

　シュタウディンガーは第2節で述べた粘度式を提出する直前にスベドベリの超遠心機の購入資金をドイツ科学研究助成会に申請したが1929年の秋にこれを拒否された。このとき、超遠心機が購入されていれば、高分子論争はもっと早く終結したであろうと推測される。ただし、分子量分布をもつ合成高分子溶液の超遠心測定法が厳密に確定したのは1960年に入ってからである。

スベドベリが超遠心機を用いてタンパク質の分子量を測定していた1928年にオーストリア人のマルク（Mark, Herman Francis 1895-）とスイス人のマイヤー（Meyer KurtHano 1884-1952）はX線解析によってセルロースについてミセル説を発表した[8]。

　マイヤーおよびマークはネーゲリ、ヘルツォークらのミセル説を継承した。しかし後者の研究者たちはセルロースを低分子であると考えているのに対して、マイヤー、マークは高分子であると考えた。また、主原子価鎖すなわち分子の長さは、ミセルの長さに等しいと考えた。図3のミセルモデルはそれを示したものである。これによれば、鎖の長さはグルコース基30～50個の長さに相当する。このような鎖が40～60平行に束になって1個のミセルを形成する。しかし、このモデルでは1つの分子の分子量は1万弱にしかならない。

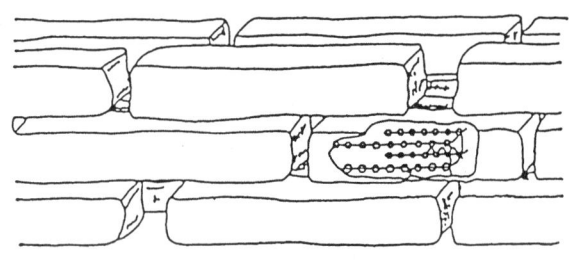

図3　セルロース繊維のミセル構造

　このモデルは、孤立ミセル模型と呼ばれる外廓の明瞭なミセル模型であるが、これは難点を持っている。それは、シュタウディンガーらにより測定されたセルロースの分子量より計算される分子の長さよりミセルの長さがはるかに短いことである。また彼らは、ミセルとミセルの間には非晶質のセルロースが存在すると考えるのであるが、このような考えからは、セルロース繊維が大きい強力を発揮することは十分には説明できない。マイヤー、マークはセルロースのさらなる高分子構造を模索した。また彼らはX線解析の手法をたんぱく質である絹フィブロインにも適用し、この場合にもみいだされた

繊維周期は、ポリペプチドのジグザグ型連鎖に対して要求される周期と見事な一致を示すことを発見した[9]。彼らの研究の成果は1930年『天然有機高重合物』[10]として発行された。このように1920年代の終わりにはX線図的研究は、高分子の研究の有力な基礎となりつつあった。

アメリカの少壮化学者ウォーレス・ヒューム・カロザース（Wallace Hume Carothers, 1896-1937）が、デラウェア州ウィルミントンのデュポン社基礎研究プログラムで高分子研究に着手したのは、ドイツにおける高分子論争がいまださめやらぬ1928年2月のことであった。時に31歳の若さである。彼はスベドベリやマルク、マークなどの超遠心機による分子量測定やX線解析などによる分析的手段とは異なり、実際に高分子をくみたてるという合成手段による巨大分子説の実証を試みた。彼の系統的な高分子合成化学研究は、シュタウディンガーの論敵に大きな衝撃を与えた。たててくわえて、彼の論理的研究は、デュポンという産業枠組みの中で、極めて短期間のうちにその大規模な実用化——史上初の合成繊維ナイロン——を生み出したことは余りも有名な事実である。次章では、化学者カロザースが巨大分子とめぐり会い、いかにしてデュポンでナイロン合成へ到達したかを分析していきたい。

文 献

1) Fischer, E., "Synthese von Depsiden, Flechtenstoffen und Gerbstoffen," *Ber. dt. chem. Ges.*, **46** (1913): 3253-3289.
2) Harries, C. R., "Abbau und Konstitution des Parakautschuks vermittelst Ozon," *Ber. dt. chem. Ges.*, **37** (1904): 2708-2711.
3) Staudinger, H., & Schweitzer, O., "Über die Molekülgröße der Cellulose," *Ber. dt. chem.Ges.*, **63** (1930): 3132-3154.
4) Staudinger, H., "*Arbeitserinnerungen*," (Heidelberg, 1961): 85. シュタウディンガー、小林義郎訳『研究回顧』、岩波書店、1966年、87頁。
5) Frey-Wyssling, A., "Fruhgeschichte und Ergebnisse der submikroskopischen

Morphologie," *Mikroskopie*, **19** (1964): 2-12.
6) Staudinger, H., "*Arbeitserinnerungen*," (Heidelberg, 1961): 79. シュタウディンガー、小林義郎訳『研究回顧』、岩波書店、1966年、89頁。
7) ――― "Die Chemie der hochmolekularen organischen Stoffe im Sinne der Kekuleschen Strukturlehre," *Ber. dt. chem. Ges.*, **59** (1926): 3019-3043.
8) Meyer, H. K., & Mark, H., "Über den Bau des krystallisierten Anteils der Cellulose," *Ber. dt. chem. Ges.*, **61** (1928a): 593-614.
9) ――― "Über den Aufbau des Seiden-Fibroins," *Ber. dt. chem. Ges.*, **61B** (1928b): 1932-1936.
10) ――― *Der Aufbau der hochpolymeren organischen Naturstoffe*, (Leipzig, 1930).

2 カロザースのナイロン発明

第1節　カロザースの経歴[1]

　カロザースは、1896年4月27日、アメリカ中西部の田園地帯アイオワ州バーリントンに生まれた。ドイツでは、この年の夏に有機化学界の巨星ケクレ（Kekule, Fried-rich August, 1829–1896）が他界し、若きシュタウディンガーはヴォルムのギムナジウムで修学していた時期である。スコットランド系の血筋を引き、代々職人や農夫の家系に育ったカロザースの両親は、質実を重んじるプロテスタントのプレスビテリアン教徒であった。もの静かで内気だが、後に「完全主義者」と評され、自らに過酷すぎるほど仕事に献身的なカロザースの個性は、この中西部プロテスタントの厳格な勤労倫理に根ざした家庭環境の中で形成された。繊細で感受性の強い母親のメアリーは、彼に音楽への興味を植えつけ、彼は生涯クラシック音楽の愛好家であった。長男として生まれ、下に一人の弟と二人の妹がいた。彼が最も愛着を抱いていた末の妹イザベルは、後にノースウエスタン大学に進み、ボストンでラジオの人気番組の声優になった。音楽と彼女の存在とは、後年孤独と過労にうちひしがれたカロザースの心の唯一の慰めであった、と彼の友人ジョン・ジョンソン（John R. Johnson, 1900–1997）が証言している[2]。

　5歳の時、カロザース家は、州都デモインへ移った。父のイラ・カロザースは、そこのキャピタル・シティー商科大学の教師で、後に副学長になった。カロザースは、父の学校で一年間会計学を学び、1915年にミズーリ州のプレスビテリアン教系のターキオ大学に入学する。この小さな私立大学には、名門ジョンズ・ホプキンス大学で学位を取ったばかりの新進科学者アーサー・

パーディー（Arthur McCay Pardee, 1885-1972）が教鞭をとっていた。カロザースは、パーディーから有機化学と物理化学を学び、化学への道を志すことになる。この30歳を少し切った化学教授は、カロザースの非凡な才能に気づき、早くも化学者としての将来を嘱望していた。ターキオ大学でカロザースが2年生の時、アメリカは第一次世界大戦に参戦した。彼は「若干の身体的欠陥」という理由で兵役を免れた。パーディーは、戦時下で空きができたサウス・ダコタの大学に転出し、ターキオ大学での彼の後任にカロザースを抜擢した。こうして、カロザースは卒業までの間、異例にも学部学生兼大学講師という二役を演じた。

1920年にターキオ大学を卒業後、カロザースは、当時中西部で一躍脚光を浴びていたアーバナにあるイリノイ大学化学部の大学院に入学し、翌年の夏には早くも修士号を取得した。物理化学にも関心があったが、この時までに有機化学を専攻する気持ちが固まっていた。

1921年の秋から一年間、彼は、サウス・ダコタ大学の化学科長になったパーディーの下で講師を務めた。目的は学資を稼ぐためだが、このサウス・ダコタ時代に、カロザースは、後に彼の最初の独立論文「フェニルイソシアネートとジアゾベンゼンイミドの等電子配置」（The isosterism of phenylisocyanate and diazobenzene-imide）および理論的報文「二重結合」（The double bond）の母体となる基本構想を練っていた。数年後、『アメリカ化学会誌』（*Journal of the American Chemical Society*）に掲載されたこの研究（前者は1923年、後者は翌1924年）は、当時提出されていた物理化学上の学説――とりわけ、ルイス（Lewis Gilbert Newton, 1875-1946）の原子間結合の共有電子対理論とラングミュアー（Langmuir Irving, 1881-1957）の価電子の、いわゆる「八隅説」（octet theory）――をカロザースの専門領域の有機化学へ応用する試みであった。例えば、彼は二重結合を有する有機化合物の付加反応の機構を電子理論から説明している。彼のルイス＝ラングミュアー説と有機反応を結び付けるこうした野心的な努力は、当時の学会では広く認められなかった。

1920年代のアメリカの有機化学者の多くは、原子内構造の物理的概念を、分子レベルの科学とみなされた有機化学に導入することに抵抗したのである。カロザースの友人ジョン・ジョンソンは、カロザースの二重結合論は同

時代の化学者からは「余りにも奇抜すぎる」と評され、1924年論文の草稿は「あやうく編者のくずかご（wastebasket）行きになるところであった」、と後に述懐している[3]。有機反応の電子論的解釈は、しばらくの間カロザースの心を虜にした。しかし、後に投稿した同様の報文が『アメリカ化学会誌』の編集委員から、「著者は"八隅説"に不当なほどの過大評価を下している」と手きびしく批評されて以来、カロザースはもはや自説を公表しなくなった[4]。

　ここで注目すべきことは、1922年にイリノイ大学の博士課程に復学してから、彼は以前にもまして伝統的な有機化学のアプローチに戻って行ったという事実である。古典有機化学の原点—有機構造化学および合成化学—に立ち戻ったことが、むしろ彼の巨大分子説の受容と展開に強く関連していることは興味深い。そしてこの転機に大きな影響を与えたのが、イリノイ大学の師ロジャー・アダムスであった。

　アダムス[5]は、ハーバード大学で化学教育を受け、1912年にPh.D.を取得した。卒業後ドイツに留学し、ベルリン大学で古典有機化学の巨匠エーミール・フィッシャー（Emil Fischer, 1852-1919）に学び、また彼の弟子オットー・ディールス（Otto Diels, 1876-1954）やカイザー・ヴィルヘルム化学研究所のリヒャルト・ヴィルシュタッター（Richard Willstätter, 1873-1942）に師事した。帰米後のアダムスは、フィッシャー門下から受け継いだ有機合成、構造論など伝統的有機化学の常道を踏襲し、新たに台頭しつつあった物理化学的アプローチの影響をほとんど受けなかった。こうしたバックグラウンドを持ち、彼は1916年にイリノイ大学化学部の教官に就任したのである。

　着任後のアダムスは、イリノイ大学を合成化学のメッカに変貌させた。もともとこの大学の化学部には、夏期休暇の間、学生を使って教材・研究用の化学薬品を自前で製造する習わしがあった。第一次大戦中、当時アメリカがドイツにその大部分を依存していた有機薬品が絶たれた時、アダムスはこの"サマー・プロジェクト"を軍需・工業用化学薬品製造のパイロット・プラントに拡大した。こうした事業は戦後も継続され、学生は学内で直接、有機合成の工業プロセスを体得した。イリノイで開発された様々の有機合成法は、パンフレットとして編纂され、1921年にはモノグラフシリーズの形で出版されるに到った。これが今日まで60余巻続いている『有機合成』(*Organic*

Syntheses) である。ちなみにカロザースはこのシリーズの第 13 巻「有機合成化学」の責任編集者となっている。

アダムスは、大学の重要な使命は産業のための化学者を育成することだと信じていた。化学は社会のために存在し、社会に奉仕する営為である、と彼は主張した。当時としては稀有なほど、化学工業界との強いコンタクトを持っていたこの少壮教授は、彼の指導した学生の多くを産業界へ送り込んだ。後の調査によると、1918 年から彼の退官までの 40 年間に、アダムスが育てた 184 人のドクターのうち 132 名が産業化学者になっている。アダムスとデュポン社との結び付きは特に強かった。彼自身デュポンの研究コンサルタントを務めていたし、カロザースを含めて 25 人のアダムス門下生がデュポンマンとなった。

カロザースは、アダムス教授の下で 1924 年 Ph.D. の学位を "Catalytic reduction of aldehydes with platinum oxide platinum-black and effect of promoters and poisons on the catalyst in the reduction of various organic compound" について得た。彼をイリノイの博士号授与者の中の最優秀学生と見込んでいたアダムスは、カロザースを卒業と同時に同大学の有機化学講師に任命した。更に 1926 年の秋、彼はアダムスの母校ハーバード大学の講師としての定職を得て、有機化学と構造化学を講ずることになる。彼の生涯を通してアダムスとの友好は絶えなかった。

第 2 節　デュポン社の歴史[6]

デュポン社は、ラヴォワジェ（Antoine-Laurent Lavoisier, 1743-1794）の弟子であったフランスの亡命化学技術者エルテール・デュポン（Eleuthere Irenee du Pont deNemours, 1771-1834）が 1802 年に水源豊かなデラウェア州ウィルミントンの地に建設した黒色火薬工場に起源をもつ。

1914～1918 年、つまり第一次大戦の全期間を通して、Du Pont は連合国側で消費された火薬の 40% を生産したが、それにもかかわらず "火薬を乗り越えて（Beyond explosives）" といわれる、1902 年に立てられた企業の拡大プログラムをあいかわらず抱きつづけていた。1915 年における 6,000 万

ドルの増資も、また利潤の大部分の内部保留も「戦争終結によって失われるかも知れない価値ある人たちの雇用を継続することのできる新産業分野への拡大」という考え方のうえになされたといわれている。

したがって大戦の終結と同時に、その業務の転換はすばやく完全におこなわれ、有望な業種としてペイント、ワニス、ピグメント、ラッカーレザークロス、プラスチック等がつぎつぎと着手された。かくて、1913年における状態、すなわち男女従業員総数 6,222 名、総資産 7,500 万ドル、総収入に占める爆薬類の比率 97％から、26 年後の 1939 年には従業員は 54,800 名、総資産は 8 億 5,000 万ドル、爆薬以外の製品の占める比率が 90％、というメタモルフォーゼをなし遂げたのである。

そこで、これとほぼ同期間内になされた研究の成果ならびに新規事業を年代順にあげるとつぎのようになる。1923 年、ラッカー（商標名 Duco）、4 エチル鉛。1926 年、アンモニアおよび硝酸の合成。1927 年、微粒子映画フィルム、防湿セロファン、メタノールおよび高級アルコール類。1928 年、仕上剤（Dulux）。1930 年、水銀殺菌剤。1931 年、二塩化二フッ化炭素（冷凍剤 Freon）、合成ゴム（Neoprene）。1933 年、改良 X 線フィルム、合成樟脳。1934 年、強力人絹（Cordura）、高級アルコール類（界面活性剤）。1935 年、安全火薬（Nitramon）、合成尿素。1936 年、ガラス着色剤、アクリル樹脂（Lucite）、顔料類（Monastral）。1937 年、防水剤（Zelan）。1938 年、安全樹脂ガラス（Butacite）、銅の光沢表面処理法、重合防止剤（Mycoban）、ナイロン（Nylon）。1939 年、連続過酸化水素漂白法、Polyvinyl acetate および alcohol。1940 年、微粒子トーキー・フィルム、パルプの過酸化水素漂白、Hydroxyacetic acid、ethylene glycol、などである。

一方 Du Pont は、1920 年にフランスの Comptoir des Textiles Artificiels からビスコース人絹の特許を買い受け、バッファロー（ニューヨーク州）に Du Pont Fibersilk Co. を設立した。当時はまだ米国の人絹工業の揺籃期であって、ほかに英国 Courtauld 社のつくった American Viscose 社があっただけである。しかしながら、無煙火薬によって収得していたセルロース化学に関する知識が、レーヨン（この名称は 1924 年につくられた）の発展に大きく寄与したのであった。さらに 1928 年にはふたたび外国技術によってアセテート人絹の企業化をはじめ、1934 年の強力人絹の自社開発へとつながっ

ていったわけである。

　しかしながら、以上の叙述から明らかなとおり、第一次大戦の終了時から1920年代末までに Du Pont が企業化したもののなかで、独創的なものといえばラッカーの Duco（1923年）ぐらいなもので、その他のものはすべて欧州先進諸国からの技術導入によったか、それを真似たものにすぎない。それにもかかわらず、「30億ドルの債務国であったのが、この戦争を通じて150億ドルの債権国に変わった」[7] アメリカの経済力のおどろくべき飛躍を反映し、またそれに随伴して、Du Pont の資本力も質的変容をとげていった。そのうえ戦後の平和産業への転換は"beyond explosives"の方針によりほぼ順調な推移をたどった。

　このような時代背景のもとに独創的な研究を望んでいた化学部長スタイン（Charles Stine）は、1926年12月18日に、Executive Committee（重役会）に純科学研究（Pure Science Work）の必要性を強調した手紙を出した[8]。デュポン社では何か政策上の決定をする場合、"手紙"が重要な役割を演じ、しかもその種の手紙が保存されている。ここで、純科学的研究によって、(1) 会社の宣伝価値が期待される、(2) 博士号を持つ科学者の求人が容易になる、(3) デュポン社の純科学研究の成果を他社のそれと交換（barter）できる、(4) 純科学研究は実際へ応用できるなどの利点が予想された。スタインは手紙の中で、特に (4) の効果を"Pure science work might give rise to practical applications"と強調した。重役会はスタインの提案が具体性に欠けるとして取り上げなかった。スタインは1927年3月にさらに詳しい基礎研究（fundamental research）の実施計画を重役会に提出し、基礎研究は"極めて高度に有用な発見と、ある場合には絶対に必要な知識"を生むものと定義し[9]、基礎研究に第1級の科学者と数人の助手（博士研究員）を1つのグループとし、年4万ドルの経費を要求した。1927年4月に2.5万ドル（年に30万ドル）の予算が認められた[10]。このような多額の研究費が認められた背景にはアメリカ経済の繁栄がある。1921～1929年はアメリカ経済において「繁栄の10年（Prosperity Decade）」とも「拡大の20年代（The Expansive Twenties）」ともいわれ、工業生産指数は1921年を100とすると29年には190とほぼ倍増し、卸売物価はほぼ横ばい、国民所得は1921年の594億ドルから29年の872億ドルへと50％近く拡大し、人口1人当りの

実収入も21年の522ドルから29年の716ドルへと40％近く増大している。
　さらに11.5万ドルかけて新しい実験棟が（後で、"Purity Hall"と呼ばれた）建設された[11]。まず、コロイド・グループが組織化され、1927年秋に有機化学グループを作ろうとして、リーダーの選定にかかった。何人かの大学教授〔Roger Adams（Illinois大）、Carl S. Marvel（Adam's College）、Louis F. Fier（Bryn Maur College, 準教授）, Henry Gilman（Iowa State大）など〕に打診された。アダムス自身は断ったが、教え子のカロザースを推薦した。ハーバード大学での地位と学究生活を捨てて一企業へ移ることは、カロザースにとってひとつの大きな決断であった。デュポン社の申し出を正式に受諾する決心がつくまでの間、相当に迷い抜いたことは、想像にかたくない。
　彼がデュポン社に移った理由としては、
　　①給与（年報で大学で3千2百ドル、デュポンでは6千ドル）
　　②研究への専念が可能
　　③訓練された研究者を部下としてもつことができる
等が考えられるがそれ以上に決定的であったのは、彼の性質である。彼はアダムスが指摘するように人前（public）で（科学的会合でさえも）話をするのをひどく嫌った。また、デュポン社の同僚の研究員であったフローリーは1953年日本の東レ（株）に招かれて講演を行ったが、カロザースに関しては、「彼は無口で何時も落ち着きがない。今日の催しの様な多数の人前では私よりも神経質であるが、二、三人の少人数だと人には親切で非常に面白い人であった」[12]と述べている。つまり、学生に興味をもたせるような授業が不得手であり、同僚教授に見られるような政治的手腕と指導性を持ったトップ・プロフェッサーになるタイプではないことを自覚していたことが、企業の研究職へ移る最大の要因であったと推察される。カロザースは1928年2月にデュポンのウイルミントンに移り、化学部における有機化学基礎研究プログラムにこの後9年間従事した。後で、化学部長となったスタインはカロザースのことを、幅広く、深い知識を持つ優れた実験家で、非常に我慢強く、疲れを知らない、自分の仕事に深く没頭した研究者と評した。

第3節　カロザースのスーパーポリマーの合成

　カロザースは、デュポン社に入社直前の1927年頃に、シュタウディンガーの一連のドイツ語論文を読み、巨大分子説の受容に踏み切っていた。シュタウディンガーが『ドイツ化学会誌』上にこの理論の基礎概念を初めて発表したのは1920年であり、以後7年間にまとめた数編の論文で、ゴム、セルロース（繊維素）、デンプン、タンパク質、ポリスチレン、ポリオキシメチレンなどの巨大分子構造を支持する論拠を提出していた。

　カロザースがシュタウディンガー説を受け入れ、デュポン社でその研究の第一歩を踏み出した時期は、高分子の根本原理の是非がいまだ見定まらない激動の時代であった。カロザースが重合物を研究テーマに決定した背景は、化学会社デュポンは、そもそもポリマー産業を柱として伸びていたという理由もあるが、シュタウディンガーの高分子説の実験的実証という意味もあったのである。

　彼が巨大分子の学説に靡いた背景には、シュタウディンガーがケクレ流の古典有機構造化学を基礎として重合物を解明した点に、彼が深く共鳴したことが挙げられる。自著の後の論文でくり返し述べているように、カロザースは当代のポリマー研究者の古典的分子概念を放棄した風潮こそが、科学者間に疑惑と混乱を招いた源泉であると痛感していた。化学の常道に従えば、分子とは、そこから物質の物理的・化学的性質が生起する基本単位である。重合物とて例外ではあるまい。それゆえ、重合物に固有の諸性質は、その起源が依然として不明瞭な分子間の二次的物理力の大小によってではなく、化学分子それ自体により説明されるべきである、と彼は確信した。そして、デュポン社基礎研究プログラムでカロザースが企図したものは、シュタウディンガー一派とは別の手法で、この巨大分子説を確立することだったのである。カロザースはその研究目的を（1）確立された有機反応を使って、構造が断定できる巨大分子を設計すること、および、（2）その生成物の特性と巨大分子構造との関係を調べること、の二点に定めた。構造既知の低分子を基本的な有機反応を使って、ひとつひとつ結び付けて行けば、やがて構造既知の長い鎖状分子が得られる、という論法であり、この手立てが成功すれば、当然

巨大分子の実在は自明の理となる。カロザースは、この単純明解なアプローチによってシュタウディンガーの巨大分子証明の繁雑な手法と一線を画したのである。

1929年当時のデュポンの基礎研究グループは以下の4つのユニットより構成された。

  有機化学　9名（Carothers）（内、博士7名）
  コロイド（Kremer）
  X線　　（Kenney他）
  化学工学　（Chilton）[13]

カロザースはデュポン社在職中を通じて、有機化学基礎研究グループのグループ・リーダーの地位にあった。第一線の研究指導者ではあっても、研究マネージャーではなく、自分のグループの研究成果を企業のビジネスにどのように応用展開させるかについては彼の上司の化学部長（スタイン、後にボルトン）の任務であった。

カロザース・グループの研究は、

(1) 1929年3月〜1930年6月ごろ［2年3カ月］：脂肪族ポリエステル
(2) 1930年7月〜1933年中ごろ［約3年］：ポリアミド（ポリアミノカプロン酸）
(3) 1934年春〜：ナイロン（ジアミンとジカルボン酸）

の3つの時期に分けることができる。カロザースは時系列的にポリエステル→ポリアミノカプロン酸→ナイロン6-6へと研究対象を変えた。この流れは、むしろ一種の試行錯誤の結果である。カロザースは2価アルコールと2塩基酸よりポリエステルを合成する研究にまず着手した。25個のアルコールと酸の組み合わせについて研究し、分子量1,500〜4,000のポリエステルを得た。かれはこの種の反応生成物を縮合重合物（condensation polymer）と名付けた。このポリエステルに関する仕事は1929年4月13日付けで『アメリカ化学会誌』に投稿され1929年8月7日に印刷された。ポリマーは分子量が大きい点だけが特徴的な普通の化合物であった。これらの実験事実はシュタウディンガーの高分子説を支持した。この一連の成果をスタインは科学的に優れた進歩と認めた。ただし、カロザースが得たポリエステルはロウ状で脆いものであり、より高分子量化をはからなければ工業的には見込みがなかった。

第2章　カロザースのナイロン発明　　27

1930年はカロザースの有機化学グループにとって、またデュポンの基礎研究プログラムにとって、重大な転機を迎えた年であった。この年の4月、僅か数週間のうちに、彼のグループのまったく異なる路線の2つの仕事から、ネオプレンの発明と合成繊維の着想が並行して生まれた。ネオプレンがカロザースのもうひとつの開拓分野である付加重合（addition polymerization）の基礎研究から計画的に発明されたかのようにしばしば言われるが、これは事実でない。ネオプレンの「発明」（4月10日）は高分子研究とは直接関係のない依頼仕事である低分子のアセチレン化学の基礎検討中に偶然起こったもので、むしろこれが契機となってその後の一連の付加重合反応の理論的研究へと進んだのである[14]。

　それまでの2年間、カロザース・グループは脂肪族ポリエステルをはじめとする一連の高分子を縮合重合により合成してきた。しかし、その間に得られた重合物の分子量は5,000に満たず、それを越える大きさの高分子製造には成功していなかった。分子のサイズ、その構造、重合物の性質の関係を詳細に調査するためには、より大きな分子をつくる必要があった。従来の常圧重合では、ある時点から反応が進行しなくなり、生成物の分子量にはどうしても限界があった。この壁を打開するため、カロザースは共同研究者のヒル（Julian Werner Hill, 1904–1998）とともに、分子蒸留（molecular still, 真空度 10^{-4} torr 以上）という技術を導入した。高真空下で行われるこの蒸留技術は、生成反応物である水がすぐに蒸発して取り除かれるのでルシャトリエの原理より生成物のポリマーの重合度が増加する方向に平衡が移動する画期的方法であった。そこで、従来の蒸留法に代わって分子蒸留法を採用し、この装置の中でポリマーを高温で長時間（例えば、200℃で12日間）加熱することによって、ポリマーの分子量を、10,000ないし25,000にまで向上させたスーパーポリマーの合成に成功した。1930年4月16日のことであった。この時点において、高分子が存在することが確認されたといえよう。

　一方、合成繊維の着想は、縮合重合（condensation polymerization）による高分子の合成という上記の基礎研究途上で、ある現象を発見したことをきっかけに生まれた。スーパーポリマーが合成された日から2週間後のある日、ヒルが実験室で生成されたばかりの溶融状態のスーパーポリマーを反応器から移している時、ひとつの奇妙な現象に着目した。攪拌棒のへりに付着

した溶融ポリマーが、棒を引き上げると、切れるどころか絹のように強靱な糸を引いて伸びたのである。更に調べてみると、この一見単純な物理的操作が元のスーパーポリマーの物理的性質を大きく変えてしまうことが分った。伸長されたフィラメントは、引張強度、柔軟性、弾性回復、透明度、光沢など天然のセルロースや絹に似た諸性質を持っていた。X線回折では、未延伸のスーパーポリマーはその結晶部分がランダムに配置されているのに対し、延伸フィラメントは結晶が繊維軸に沿って一方向に規則正しく配列していることが観察された。そして、この結晶配列のパターンは、絹や再生繊維レーヨンのそれと酷似していた。

　分子量9,000に達するまでこの冷延伸現象は現れない。分子量12,000（分子の大きさにして1,000Å）以上で初めて冷延伸（cold drawing）による効果が生じる。スーパーポリマーが外部から張力を受ける時、その長い分子の鎖がひとつずつ、秩序正しく一列に平行に整列し、この状態で、巨大分子間の引力が最も有効に作用し、結果として延伸された糸は、最大限の可能な強度を示すとカロザースは考えた。

　この冷延伸から得られたスーパーポリマーがカロザースに人工繊維合成実現の可能性を確信させたのであった。

第4節　カロザースのナイロン発明

　1930年6月に化学部長がスタインからボルトン（E. K. Bolton）に交替した。カロザースのポリエステルの高分子量化、分子蒸留、その繊維化などの一連の研究論文の発表は次長のベンガー（Ernest K. Benger）の反対にあって認可されず、やっと1931年11月12日に投稿された。

　カロザースは1931年7月3日にポリエステルとあとで述べるポリアミド繊維の特許（USP2,071,251）を出願し、その中で分子蒸留による高分子量化（分子量10,000以上）、溶融紡糸、冷延伸の基本技術を1937年2月16日に特許登録した。その4カ月後に論文を投稿できたのである。

　カロザースは1930年7月ごろ、これ以上のポリエステルの研究をあきらめ、天然繊維の絹と分子構造が類似しているε-アミノカプロン酸の縮合重

合の研究を始めた。この研究成果はすぐに論文として1930年10月9日に投稿された[15]。この論文ではε-アミノカプロン酸を加熱すると7員環のラクタムと重合度、すなわち一本の高分子を構成する単量体であるε-アミノカプロン酸の分子数が10程度のポリマーが得られたと述べたにとどまっている。カロザースはε-カプロラクタムは重合しないと考えていた。しかし、あとで水が共存すると容易に重合することが明らかにされた。ε-アミノカプロン酸の粘度は高く、反応が完結せずに止ってしまうため、ポリマーの分子量は低すぎ、しかも溶解性に乏しく湿式紡糸や、乾式紡糸ができない。融点も高く溶融紡糸にも適さず、ポリε-アミノカプロン酸の合成繊維は見込みがないと判断された[16]。カロザースは混合アミドエステル（mixed amid-ester）などの重合を試みたが結果は思わしくなく、1933年の中頃には合成繊維研究を中断し、環状化合物の合成などの別のテーマに変更した。この重縮合の研究は特許USP2,071,251（1931年7月3日出願）となったが、その実施例Ⅵで分子量約1,000のε-アミノカプロン酸を加熱して得たポリアミドを200℃で2日間分子蒸留すると、未処理の時よりtoughで屈曲性を増したと記述しているだけで繊維化には一切触れていない。

　上司（ボルトン）の勧めもあって、カロザースは1934年にコッフマン（Donald D. Coffman）1人だけに合成繊維の研究を担当させた。ポリε-アミノカプロン酸の問題点は、

　（1）分子蒸留が手におえないこと（操作性と再現性）
　（2）ポリマーの融点が紡糸するには高すぎること

の2点に集約できた。カロザースは（1）を克服するために酸の代わりに精製したアミノ酸エステルを用いることとし、（2）の対策として長鎖の出発化合物を用いるとポリマーの融点が下がるとの仮説を採用した。すなわち、1934年に9-アミノノナノイック酸エステル（9-aminononanoic acid ester）を出発物質とすることをカロザースは考え、その考えに基づいてコッフマンが9-アミノノナノイック酸エステルを3月23日に重合し、ポリアミドにして5月24日に紡糸した。物性は良好で高強度をもつ、絹に似た糸が得られた。融点は195℃で、ちょうどアイロン可能温度のぎりぎり上限であった。この時点（1934年6月）で、始めて、絹に似た性質（破断強度2～5g/d、良好な弾性回復：例えば、502％冷延伸した繊維を9.7％引っ張って100秒その

まま静置したあと回復させると9.7%伸張された長さのうち93%がもとにもどった）をもつ高融点のポリアミド合成繊維を作りうることが実験室的に確認された。カロザースは1935年1月2日に前述の特許USP2,071,253出願したが、その主な内容は9-アミノノナノイック酸のエチルエステルや類似の長鎖状アミノカルボン酸（エステル）の合成と繊維化（アミノウンデカノイック酸、アミノヘプタデカノイック酸、アミノカプリリック酸）に関するものである。また、この特許の実施例Ⅲでは、重合直後のε-アミノカプロン酸のポリマーは可紡性がないが、少量のε-カプロラクタムを含み、これを1mmHg（水銀柱）以下の減圧下で225～230℃にて加熱するとこのラクタムが除去され、残りは可紡性をもつポリアミドスーパーポリマー（融点205～210℃）になると述べている。すなわち、残留モノマーとしてのラクタムの除去によって繊維化が可能になったとしている。

　デュポン社は、カロザース・グループの基礎研究を基に直ちにポリアミドの技術開発に乗り出し、繊維プロジェクトを作った。ポリアミドは1種類のアミノカルボン酸を縮合重合させてできるだけでなくジアミンとジカルボン酸を縮合重合させても得られる。さらにすぐれたポリアミドを求めて多くのジアミンとジカルボン酸の縮合重合が試された。カロザースを中心にしてジアミンとジカルボン酸の2～10の炭素鎖の組み合わせが全部合成された（計9×9＝81の化合物）。普通、化合物をナイロンx-y（又は、x, yナイロン）と表示する。ここで、xはジアミンの炭素数、yはジカルボン酸の炭素数を意味する。81の化合物のうち、2-10、10-6、5-6、5-10、6-6の5つだけが見込みがあった。なお、ナイロン6-6はカロザース・グループのバーチェット（Gerard J. Berchet）が1935年2月28日に合成した。カロザースの関心は最初5-10に集中した。ナイロン5-10を合成し、これを紡糸し、その糸から編物サンプルを作って、レーヨン事業部に評価を依頼した。フローリィ（Paul J. Flory 1910-1985、高分子化学を作り上げた一人で、1974年にノーベル賞を受賞。デュポンに1934年6月1日入社、その退社後、コーネル（Cornel）大学やスタンフォード（Stanford）大学の教授を務めた）がナイロン5-10の編物についての評価結果をレポートした。このレポートの中でフローリィは、「ナイロン5-10は低融点のためアイロンに耐えられないが、一般にポリアミドは合成繊維（synthetic textile fiber）として顕著な可能性

を持つ。ポリアミド繊維の特長は、(1) 高弾性、(2) 水に影響されない強度、(3) 高度な耐疲労性である」と結論した。ナイロン 5-10 は重合と紡糸が比較的容易であるが、化学事業部の部長のボルトン（Bolton）は、レーヨン事業部の指摘した 2 つの欠点、すなわちナイロン 5-10 の出発物質が高価であることと、ポリマーが低融点であるということは、他にどんな長所がナイロン 5-10 にあってもカバーできないと判断した。そこで、ナイロン 6-6 の開発を急ぎ、他のタイプのポリマーの研究は中止することが決定された。

カロザースは 1935 年春頃より持病の鬱病が悪化した。そのため、これ以後のカロザース・グループの活動は不明瞭となっている。カロザースは 1936 年には長期休暇を与えられたが 1937 年に病状が悪化し、ナイロンの工業化をみることなく、同年 4 月に青酸カリで自殺した。享年 41 歳であった。彼はこの短い生涯に 52 報の論文と 69 件の特許をとったが、これらは巨大分子化学の基礎から応用までが極めて明快な論理に貫かれていた。

デュポン社のナイロン開発は以下の 3 つのフェーズ（phase）に区別される[17]。

| 基礎研究 | → | 開発戦略 | → | phase 1 | → | phase 2 | → | phase 3 | → | 商業化 |
| | | | 1934年夏 | | 1936年夏 | | 1937年末 | | 1939年春 決定1938年10月 | 1940年1月 |

フェーズ 1 ：可能性があるかどうかを確かめる。
　　　　　（実験室：2lbs/日）1934 年夏〜1936 年夏
フェーズ 2 ：実用向きかどうか確かめる。
　　　　　（小規模ベンチ生産：100 lbs/日）1936 年夏〜1937 年末
フェーズ 3 ：事業性を判断する。
　　　　　（中規模パイロット：250 lbs/日）1938 年 1 月〜1939 年春
（注：lbs は ponds の略号で、lbs/日は一日あたりの生産量を表す単位である。
　　1 pond は 0.453kg である）。

第5節　ナイロン工業化への道

(1) フェーズ1

初期の査定では、原材料とポリマーの高分子量調節という2つの大きな問題を解決すべきであるとされた。

(a) 原材料[18]：2つの粗原料（中間化学品）のうち、アジピン酸はドイツでかなり大規模に生産していたが、ヘキサメチレンジアミンは実験室だけで合成され、商業生産されていなかった。したがってこれらの商業的合成法の確立が必要であった。ヘキサメチレンジアミンは多段の合成が必要であった。

ベンゼン　→　アジピン酸　→　　アジポニトリル　→　　ヘキサメチレンジアミン
C_6H_6　　$HOOC(CH_2)_4COOH$　　$NC(CH_2)_4CN$　　$H_2N(CH_2)_6NH_2$

アジピン酸からアジポニトリルへの過程が問題であったが、加熱した触媒表面にNH_3共存下でアジピン酸の薄い膜をふり落とす方法を開発した。このように瞬間加熱方式によって分解が防げた。この際、収率は85％に達した。ここまでは、化学事業部が実験室規模で実施し、大規模テストはアンモニア事業部に移管した。

(b) ポリマーの分子量制御[19]：重合の工学的実験は数ポンドの中間体が得られるようになってから開始された。均一性の高い繊維を与えるポリマーの重合法は、ポリマーの分子量を制御するために、ある瞬間に少量の酢酸を加えて反応を停止させ、これによって、ポリマーの鎖の成長が制御されることによって確立した。

原料　→　中間化合物　→　ポリマー　→　繊維
　　　合成　　　　　重合　　　　紡糸

(C) 紡糸技術[20]：デュポン社（レーヨン事業部）の紡糸技術は元来ビスコース法レーヨンに対して開発されて来た湿式紡糸法である。最初は、化学事業部で溶液紡糸と溶融紡糸の2つの方法が研究された。前者では、ポリアミドを熱フェノールや加熱したホルムアミドに溶解し、得られたシロップ状溶液を小さな孔のあいた紡口より押し出して、溶媒を蒸発させ、固体の繊維を得た。この方法は溶媒が有毒で高価であり、見込みがなさそうであった。1936年の初めにこの方法の研究は中止された。溶融紡糸法は最も単純で、高速でしかも安価なプロセスと予測された新技術である。プロセスは以下のようなものである。

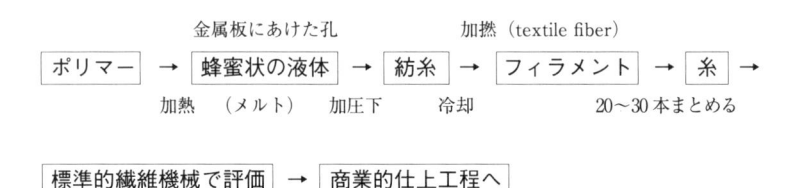

```
                    金属板にあけた孔           加熱 (textile fiber)
ポリマー → 蜂蜜状の液体 → 紡糸 → フィラメント → 糸 →
        加熱  (メルト)  加圧下    冷却           20～30本まとめる

標準的繊維機械で評価 → 商業的仕上工程へ
```

この新しいプロセスについて、
(i) 260℃に保たれた高分子溶融体を正確に計量しながら（metering）（ギヤーポンプを使って）紡口に送る（さもないと糸の太さにムラが起こる）。
(ii) ナイロンを260℃に加熱すると、少し分解して気体を発生する。この気体が紡糸の途中で糸の自然切断（糸切れ）の原因となる。もし、溶融体を高圧下に保つと、ヘンリーの法則によって気泡は溶融体内部に溶け込み、糸切れは解消する。

などの技術的進歩があった。

1935年末には、ナイロン繊維はすべて商業的に作られている衣料繊維より強度が大きく、各湿度下において良好な弾性回復性を持つことが確かめられた。これらの特長はレーヨンでは達成されなかった。新繊維は天然絹より高品質の糸で、2ドル/lbの売値で大きなマーケットを持つと予測された[21]。予備的評価によると、800万lbs/年の生産規模で製造費0.8ドル/lb、100万lbs/年の規模で1.10ドル/lbとなり、製造費があまり生産規模に左右されなかった[22]。

(2) フェーズ2

この段階では全社的プロジェクトに昇格した。フェーズ2では、
(a) ナイロンは単なる可能性だけでなく、実用向きであること
(b) 各製造プロセスの規格（specification）を靴下（hosiery）糸の要求性能に合うように決定し、フルファッション靴下（full-fashioned hosiery、足にぴったり合うように作られた婦人用靴下で脚線美をあらわせるよう脚部の形に応じて編み目を増減してある）用の高品質糸が製造出来ることを確かめるのを目的とした。

1936年デュポン社の重役会はナイロン6-6をできるだけ早く商業化することを決定した。各工程毎の分担は以下の通りである。

原料→中間化学品→（重合）→ポリマー→（紡糸）→繊維→・・・→テキスタイル
（アンモニア事業部）（化 学 事 業 部）　　　　　（レーヨン事業部）

はるかに安いレーヨンに対し、高価なナイロンは何年もの間競合できないとレーヨン事業部は判断していた。ただ、レーヨンからは良質のフルファッション靴下は作れなかった。1936年にレーヨン事業部とアンモニア事業部はプロジェクトに分担金の支払いを開始した。

常圧溶融紡糸を高圧溶融紡糸に変更することによって、商業化の大きな障害はなくなり、1937年5月までに連続紡糸時間は従来の10時間より82時間に伸びた。そこで、標準的で均質な糸の生産を開始した。その糸を使って靴下に編み立てようとした。

1937年2月ナイロン糸の試作品の綛（かせ skeins、一定の長さの周囲を有する枠に一定回数糸を巻いてから枠を取りはずし、それを束ねたもの）から靴下に編み立てる最初の試験をUnion Manufacturing Co.（Federick, Maryland）で実施した。技術者は汽車の中では綛と一緒に寝、編み立て試験後はスクラップを集め、全体を計量して新繊維が失くなっていないことを確認するくらい秘密の保持に細心の注意を払った。このテストは新タイプのビスコース法レーヨンのテストとされた。テストでは靴下を作る全ての工程でトラブルが生じた。例えば、（1）糸がスプールに巻き付かない、（2）編機によってかぎ裂き（snag）ができた。（3）染色後シワだらけになった。この

試験によって、デュポン社はフルファッション靴下糸には高品質の糸が必要であると認識した[23]。その後、かなりの量の靴下の編み立てを Van Raalte Mill（Booton, New Jersey）で行なった。多くの点でナイロン靴下の品質は全く不満足であった。このうち、最大のものは、染色や他の仕上工程の途中でできるシワであった。このシワは靴下の均質な外観を完全に損なった。数カ月後、染色前に靴下を水蒸気処理する方法を開発し、解決した。その後、Van Raalte Mill でよい外観で無欠点なフルファッション靴下の生産を開始した。これらのナイロン靴下は絹靴下と区別できなかった。全部で56の靴下と婦人肌着（lingerie garment）をナイロン・プロジェクトで働く男性の妻に配布した。この結果、長持ちする（長所）が、すぐにシワがよるのと、ぴかぴか光り過ぎ、滑る（too lustrous and slippery）（欠点）が指摘された。このフェーズでは良品質の商品を作ることを目的とした。

(3) フェーズ3

パイロットでは再現性のあるナイロン糸を大規模（250 lbs/日）に生産し、大量のサンプルを商業的標準条件下で靴下に編み立て、ナイロンの企業化の最終判断をするのを目的とした。このパイロットプラントは具体的には、

(a) 各プロセス要素の実行可能性（viability）の証明
(b) 製品の均質性の決定と（必要なら）その改良
(c) 本商業プラントを建設するためのエンジニヤリング・データの蓄積
(d) 標準糸の生産（編み立て、仕上げ、着用テスト用）
(e) 製品とプロセス研究

などが実施された。

パイロット・プラントは建設に6カ月を要し、1938年7月11日に運転を開始した。この時ナイロン事業部が設立された。パイロットは6カ月操業された。絹に含まれるゴム状タンパク質のセリシン（sericin）の役割を果たす、糸のサイジング剤を開発した。サイジング剤は保護フィルムを形成するが、熱水で除去でき、糸を着色せず、使用が楽で、編み立てられた糸に残らぬなどが要求された。

1938年10月にナイロン6-6の商業生産が決定され、プラントは400万

lbs/年の能力に適合できるように設計された。中間体プラントは25万ドルでベレ（Belle, West Virginia）で建設された。本プラントは1940年1月に稼働した。パイロットで製造された不完全なポリマーを歯ブラシの刷毛として（その化学的性質を明らかにせずに）、Exton社のtrade name（Dr. West's tooth brush）で販売した[24]。

表1にデュポン社におけるナイロン6-6繊維開発の経緯をまとめて示す。カロザースの特許が公告され始めたが、デュポン社は一切発表しなかった。特許公告後、実際の発売までに1.5年かかった。デュポン社はナイロンの実体が世間に広く知られると、第3者がプロセスや、製品や新しい用途について特許を申請するかも知れないと怖れた。新発明は普通、アメリカ化学会（の年会）で発表するが、特許の明細書以上を発表したくないので、これも取りやめた。

デュポン社は1938年10月27日ニューヨークのWorld's Fair（世界博）（これは *New York Herald Tribune's* Eighth Annual Forum on Current Problemの一部門として開かれたもの）で3000人の女性クラブ会員を前にナイロン繊維を発表した。「ナイロンは石炭、水と空気を原料とし、糸は鋼（はがね）と同じ位強く、蜘蛛の糸（web）と同じ位細く、しかしどの一般的な天然繊維よりもはるかに弾性的（elastic）である」[25]。

New York Times は翌日（1938年10月28日）の第24と34ページ2つの記事を載せた。第24ページは "New Hosiery Strong as Steel……はがねと同じくらい強い新しい靴下……" という題で。翌々日（10月29日（土））には、"Whether women would be happy with stocking that lasted forever?"（永久にもつナイロン靴下は果たして女性にとって幸せか？）とコメントした。デュポンの宣伝文句は誤解されたのであった。

ナイロンを発表したからといってすぐに全国一斉に発売開始したのではなかった。デュポン社は当初、ナイロン靴下の編み立ては特定の編み屋にライセンスすることを考えたが、縫製メーカーのうちたったの10%が応じたにすぎず、その上最高裁が「ライセンス協定の価格固定」（price fixing in license agreement）を禁止したので、方針を変更して「万人に開放」（open to everyone）とした[26]。ナイロン製靴下は絹製よりも10%高い値段で発売された。ナイロンの製造費は売り値1/5以下であった。1940年に260万lbs

の糸を生産し、900万ドルを売り上げ、300万ドルの利益を得た。この利益はレーヨン事業部に課せられた研究開発の全経費を支払うのに十分であった。1941年に2,500万ドルを売り上げ、700万ドルの利益を得た。この利益でナイロンへの投資の1/3を回収した。発売2年以内にアメリカのフルファション靴下マーケットの30％以上を占有した。

1941年12月に第2次世界大戦が勃発し、絹の輸入が停止されたため、ナイロンは軍用のパラシュート（parachute）、航空機のタイヤコード、グライダーロープ（glider tow rope）などに消費された。1942～45年の戦時中にナイロン生産は3倍に増え、2,500万lbs/年に達した。ナイロン・ストッキングは絹の2倍の耐久性があるので、マーケットを拡大させることを目指した。そこで、cool, sheer and light weighter summer stockings（涼しく、薄く、軽やかなサマーストッキング）を開発した[27]。

戦後、ありとあらゆる分野へナイロンを使う試みをした。ニット・ランジェリーは特に成功し、1950年代中ごろまでに市場は拡大した。タイヤコード、カーペットも次の10年間成長し続けた。

デュポン社のナイロン事業の特徴は
(1) 製造が困難な化学品を中間体とし、原料から製品まですべてデュポンが製造した。
(2) 前例のない程度にまで、精密に制御された重合反応を開発した。
(3) アイデアより工業化（full commercialization）まで9年かかった。
(4) 研究・開発経費は430万ドルであった。この額はデュポン社の経営資源のごく一部で、社運を賭ける程のものではなかった。
(5) ヨーロッパで第2次大戦が起こった時市場確立され始めていた。
(6) 高度な成長は1946年～1950年代中ごろに起こった。
(7) 最初は大量に消費され、しかも比較的高価な用途にのみ集中した。
 　　(large volume and relatively highprice use)

デュポン社は1920年代はヨーロッパより技術を導入した。この時代は特許の立場が弱かった。1930年代後半より独自の研究を始め、ネオプレン（Neoprene）やナイロン（Nylon）などいくつかの世界的発明を成し遂げ、これらの独占に成功した。ナイロンで示されたように、研究開発を立案する時点で強力な市場戦略がある。ある場合には市場の創造（例、セロファン

(cellophan))も目指した。ただし、全てが成功したわけでなく、合成皮革コルファム（Corfam）などは失敗し撤退した。デュポン社は極めて高度な科学者群（カロザースなど）と創造・工夫力のある技術者達を持ち、社内の異種分野の協業に成功した。

　1941年11月7日アメリカ化学工業会(The Society of Chemical Industry)は化学工業賞（The Chemical Industry Medal）をデュポン社のエルマー K. ボルトンに、彼のナイロン開発（Development of Nylon）の功をたたえて授与した[28]。しかしこの賞はカロザースにこそふさわしいのではないだろうか。ボルトンは受賞記念論文の中で、繊維プロジェクトにいかに多数（約230人の化学者と技術者）が参加し、いかに多くの工夫、小発明がなされ、その結果ナイロンが商業化できたと強調した。これは会社の経営側の考え方を反映したものであろう。ただ、どのような多数の平均的化学者や技術者が集まってもカロザースのような発明をなしとげることは不可能であったろうと考えられる。

　次章ではナイロン出現時の日本の経済状況と繊維工業の実体を概観し、ナイロン出現が日本に与えたインパクトを考える上での基礎としたい。

表1 デュポン社のナイロン開発

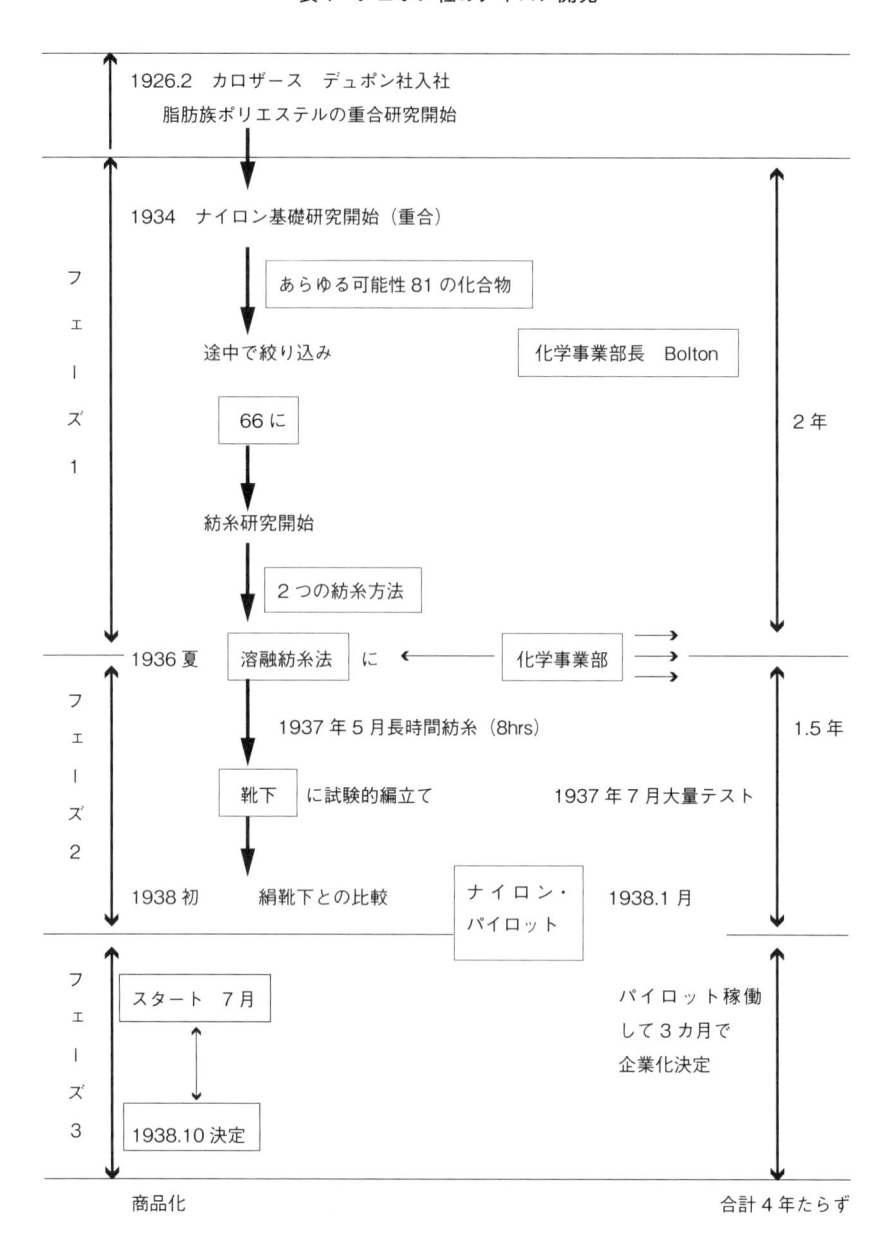

```
                    1926.2  カロザース  デュポン社入社
                            脂肪族ポリエステルの重合研究開始

            1934  ナイロン基礎研究開始（重合）
                        ↓
                    [あらゆる可能性81の化合物]
                        ↓
  フ                 途中で絞り込み       [化学事業部長  Bolton]
  ェ                    ↓
  ー                 [66に]                                            2年
  ズ                    ↓
  1                  紡糸研究開始
                        ↓
                    [2つの紡糸方法]
                        ↓
    1936 夏       [溶融紡糸法] に  ←  [化学事業部] →→→
                        ↓
                        1937年5月長時間紡糸（8hrs）
  フ                    ↓
  ェ                 [靴下] に試験的編立て     1937年7月大量テスト       1.5年
  ー                    ↓
  ズ
  2     1938 初    絹靴下との比較     [ナイロン・
                                     パイロット]    1938.1月

  フ              [スタート 7月]                パイロット稼働
  ェ                  ↕                         して3カ月で
  ー                                             企業化決定
  ズ              [1938.10 決定]
  3

        商品化                                              合計4年たらず
```

文 献

1) カロザースの経歴については次のものを参考にした。
   Wallace H. Carothers, *Collected Papers of Wallace Hume Carothers on High Polymeric Substances*, ed. Herman F. Mark and G.Stafford Whitby (New York: Interscience Publishers, Inc., 1940).
   Roger Adams, "Biographical Memoir of Wallace Hume Carothers, 1896-1937," *National Academy of Sciences, Biographical Memoirs*, **20** (1939).
   Julian W. Hill, "Wallace Hume Crothers," in *American Chemistry: Bicentennial* (Proceedings of the Robert Welch Foundation Conferences on Chemical Research, XX), ed. W. O. Milligan (Houston, Texas: The Robert Welch Founda-tion, 1977): 232-251.
   Yasu Furukawa, *Staudinger, Carothers, and the Emergence of Macromolecular Chemistry*, Ph.D. dissertation, University of Oklahoma (Ann Arbor, Michigan: University Microfilms International, 1983).

2, 3, 4) Yasu Furukawa, *Staudinger, Carothers, and the Emergence of Macro-molecular Chemistry*,: 88-90.

5) アダムスについては次のものを参考にした。
   Nelson J. Leonard, "Roger Adams," *J. Amer. Chem.* Soc., 91 (1969): a-d.
   E. J. Corey, "Roger Adams," *American Chemistry-Bicentennial.* (Proceedings of Robert A. Welen Foundation Conferences on Chemical Research, XX), ed. W. O. Milligan (Houston, Texas: The Robert Welch Foundation, 1977): 204-228.
   D. Stanley Tarbell and Ann Tracy Tarbell, *Roger Adams: Scientist and Statesman* (Washington, D.C.: Amercain Chemical Society, 1981).

6) デュポン社の歴史については次のものを参考にした。
   William S. Dutton, *Du Pont-One Hundred and Forty Years* (New York: Charles Sgribner's sons, 1951).
   W. H. A. カー、森川淑子訳『デュポン——現代産業の魔術師』、河出書房新社、1969年。
   John K. Smith, and David A. Hounshell, "Wallace Hume Carothers and Fun-damental Research at Du Pont," *Science*, **229** (1985).
   David A. Hounshell, John Kenly Smith, Jr., *Science and Corporate Strategy, Du Pont R & D, 1902-1980*, (Cambridge University Press, 1988).

小野勝之『デュポン経営史』、日本評論社、1986 年。
7) 江口朴郎『世界の歴史』第 14 巻、中央公論社、1969 年、490 頁。
8) D. A. Hounshell, J. K. Smith, Jr., op. cit.,: 223.
9) Ibid.,: 224.
10) Ibid.,: 225.
11) Ibid.,: 226.
12) 『東レ時報』、東洋レーヨン株式会社、1953 年 12 月号、4-5 頁。
13) 小野勝之『デュポン経営史』、266 頁。
14) John K. Smith, and David A. Hounshell, "Wallace Hume Carothers and Funda-mental Research at Du Pont," *Science*, 229 (1985): 346-442.
15) W. H. Carothers, G. J. Berchet, "Amides from ε-Aminocaproic acid," *J. Amer. Chem. Soc.*, 52 (1930): 5289-5291.
16) David Brunnschweiler, *Polyester, 50 years of Achievement*, ed. by D. Brunnschweiler, John Hearle (State Mutual Book & Periodical Service, Limited, 1993): 239.
17) Ibid.,: 262.
18) Ibid.,: 260.
19) Ibid.,: 262-263.
20) Ibid.,: 264.
21) Ibid.,: 265.
22) Ibid.,: 266.
23) Ibid.,: 267.
24) Ibid.,: 269.
25) Ibid.,: 270.
26) Ibid.,: 261.
27) Ibid.,: 262.
28) Bolton, E. K., "Development of Nylon," *Industrial and Engineering Chemistry*, 34 (1942): 53-58.

3 ナイロン出現時の日本の生糸産業と繊維工業

第1節　ナイロン出現時の日本の製糸産業の状況

(1) 生糸輸出の総輸出額に占める割合

　生糸輸出の総輸出額に占める割合は第一次大戦期を含む1910年代の約25％、相対的安定期といわれる1920年代の約34～34％に対して、世界恐慌がはじまり、満州事変が日中戦争に発展した30年代には20％以下(17.1％)に落ちたとはいえ、1937年（昭和12）においても総輸出31.8億円に対して生糸は4.1億円で、綿織物の5.7億円についでいわゆる「輸出の大宗」たる位置を占めていた。しかも30年代は輸出の増大にたいして輸入はさらに増大し、貿易収支は毎年のように入超で、しかもそれは後になるほど激増した時代であった。

　たとえば37年は総輸出31.8億円に対し総輸入は37.8億円で6億円の入超となった。そのうえ、37年7月には日中戦争の幕が切って落とされ、また世界経済においては、激烈な貿易戦のなかを37年半ばごろから経済の回復は頭をうち、大きな恐慌の脅威がみえはじめていた時期であった。またナイロンの発表のあった翌38年の総輸出額は26.9億円で前年にくらべて4.9億円の減、生糸は3.6億円で4.3千万円の減、同年の総輸入額は前年にくらべ11.6億減の26.6億円となり、貿易バランスは一見回復したようにみえるが、物資の生産・配給・消費の統制、輸出糸布に対する輸入原料のリンク制（1937年）など、強力な国家統制によった結果であることはいうまでもない。たとえば、同年の繰綿の輸入は4.4億円と前年の8.5億円にくらべて実に4.1億

円も激減して、総輸入減の3分の1以上に相当していることからも明白であろう。

(2) 生糸の生産・輸出の内容

まず、1929年末にはじまる世界恐慌は、その進行のなかでわが製糸業における集中、つまり中小製糸業の没落と大製糸業の制覇という再編成の道をたどった。たとえば1929年の片倉・郡是両社を合せたものの全国の設備と生産高に占める割合はそれぞれ2.2％、4.6％であったが、わずか8年後の1937年にはそれぞれ4.1％、7.9％と大きく比重を変えている。これを器械製糸にかぎってみれば、両社の比重はさらに高く、たとえば1935年度の生産高に占める比率は22.8％に達している。このような市場支配の進展は、両社の経営の多角化をさらに推進して、いずれも小規模ながらコンツェルンと化し、その資本としての地位をも強固にした。また需要分野の靴下市場への転換は従来からの高品位糸の生産に力を注ぎ、多条繰糸機を独占し、さらに直輸出を行なって外国市場情勢に精通、即応できた片倉・郡是等の大製糸の地位をますます強力ならしめた。恐慌以来、製糸設備が縮小整備される中で、両者は逆に工場を新設し、多条機を中心に設備を増強していった。

また1917年（昭和2）から1937年（昭和12）に至る11年間の生糸生産高771万俵に占める輸出総量は577万俵であるから、輸出比率は実に75％弱となっている。しかも輸出の大部分はアメリカに向けられていた。ところが、このアメリカでの生糸消費高は1929年の61万俵以来、36年48.4万俵、37年40.5万俵、38年39.1万俵と年々急激に低下し（主たる原因は人絹織物、つまりレーヨンが絹織物に代替したことによる）、しかも消費の内容がかわってきた。たとえば靴下用と織物用との消費比率が29年は27.3％対73.7％であったが、35年には55.0％対45.0％と逆転、以後較差を拡大し、36年60.3％対39.7％、37年72.1％対27.9％、38年72.3％対27.7％となり、39年にはついに81.2％対18.8％となってしまった。

(3) 養蚕農家の情況

1925年（大正14）から1934年（昭和9）までの9年間において、春と夏秋の年2回の収繭、つまり18回の収繭で黒字が9回、赤字が9回といった状態であった。それも、政府のさまざまな「養蚕農家救済」政策がとられたにもかかわらず生じた状態であった。

以上、ナイロン出現時ごろの緊迫した国際情勢下における生糸輸出の国際収支に占める依然たる死活的位置、製糸業における生産の少数の大製糸への集中化の進展、我国の生糸生産に占めるアメリカ市場の位置とその市場の縮小化と変容、などについてスケッチしたが、これらの事情はナイロンの出現により必然的につぎの対応策をそれぞれの分野から引き出さずにはおかなかった。後述するが1つは政府側の対応であり、2つは大製糸、人絹企業側の対応である。

次節ではナイロン出現時の我国のレーヨン工業の状況を詳解する。

第2節　ナイロン出現時の日本の繊維工業

1931年（昭和6）12月の金輸出再禁止に伴う輸出競争力の有利化と国内の軍需景気とに支えられて、我国経済は目覚ましい発展期に入った。まず綿業では1927年（昭和2）の600万錘から1937年の1,200万錘を越えるまで、10年間に設備を倍加し、しかも合理化による高能率化は低為替の効果とあいまって飛躍的な発展を実現させた。その結果綿織物輸出では1933年（昭和8）17億m²を上回って世界の王座を占め、1935年には23億m²に近づいて、我国綿織物輸出の戦前戦後を通じての最高記録に達し、輸出金額においても1934年（昭和9）には生糸を凌駕して全輸出品目中の第1位を占めるに至った。

レーヨン工業もまた特にアジア市場を中心に先進諸国と激しい競争を行ないつつ、世界市場に進出していった。レーヨン糸の輸出は金輸出再禁止前の1931年（昭和6）における1,200tから12年には2万7,000tに増大して世界の首位に立ちレーヨン織物も同期間に1億3,000万m²から5億m²を越えて世界のレーヨン織物輸出の8割前後を占めるに至った。レーヨン製品の輸出

額は1933年以降我国輸出額の5%ないし7%を占め、輸出総額中の60%前後を占める繊維製品の中においても主要輸出品の1つとなった。このようなレーヨン糸布の輸出の伸長も、帰するところはその卓越した国際競争力によるものであった。それは昭和初頭以降綿紡績業の例にならって行なわれた合理化の進行、即ち生産規模の拡大・生産技術の向上と労働力の節約が、原料・燃料・動力・賃金などの国際的割安と結びついて実現した大幅な原価の引下げの現れに外ならなかった。

　昭和の初頭以降、レーヨン糸の生産設備は1929年（昭和4）の日産55tから1932年に100tを越え、1934年に200tに近づき、1935年に300tを越え、1937年には611tへと急速な増設が進められたが、その生産のおよそ60%は輸出、40%は内需の伸びに支えられた。レーヨン糸の国内消費量は1933年（昭和8）頃から増大に向かい、1人当たりのレーヨン糸消費量は1930～1931年頃の0.1kgから1936～1938年平均の0.8kgまで年々増加したが、それは価格が年々低下して1935年（昭和10）においては生糸の12%、綿糸の1.2倍程度となり、その頃から需要は大きく伸びて、主として裏地・シャツ地等の洋品、各種和服・和装品に用いられ、当時の女性層の衣料生活を強く「人絹色」に彩った。このような内外需要の拡大によって、レーヨン糸の生産量は年々急上昇し、1933年（昭和8）には生糸を、翌1934年には毛糸を凌駕して綿糸に次ぐ地位を確立した。更に1936年（昭和11）及び1937年にはアメリカを上回って世界第1位となり、1937年のレーヨン糸生産量は15万tを越え、世界の28%を占めた。価格は1934年頃まではほぼ安定していたので、生産の増大と原価の低下によって主要レーヨン会社の利益は巨額にのぼった。レーヨン工業の利益率は工業一般のそれを大きく上回ったので、既に特殊機械を除きすべてのレーヨン製造機械が国産化されていた事情にも支えられて、新しい資本が各方面から新事業に流入した。1932年（昭和7）から1935年までに12社が新たにレーヨン糸の生産に進出したが、これを系統別に見れば、紡績会社系8社、レーヨン会社系1社、商社系1社、その他2社であり、これによってレーヨン会社は合計21社の多きを数えるに至った。レーヨン専業会社のみの払込資本金で見ても、1931年（昭和6）の6,500万円から1935年には2億円近くにまで増加し、他部門の兼営を含む綿紡績会社における投下資本4億4,000万円の半ば近くに達した。

しかしこの全盛期においてレーヨン工業は既に過剰生産の圧力に悩まねばならなかった。即ち1932年（昭和7）以降の既設会社の大拡張と新設会社の濫立の影響は1935年から生産面に現われて、レーヨン糸の需給は均衡を破られ、再び操業短縮の時代へと入っていった。こうして1935年7月から始められた第2次操業短縮は戦時統制の開始の時まで続いた。

　操業短縮の方法として当初は休錘措置のみを行ない、各社はその地位を確保するため増錘を続けたが、既に内外の情勢の変化は第1次操業短縮当時のごとく増設と増産を許容するという条件を欠いていたので、抜本的な対策として1936年（昭和11）5月から新増錘制限策が講じられた。他方日本人絹連合会は操業短縮の実をあげるためにアウトサイダーの加盟に努め、1936年4月にレーヨン糸取扱商の全国的機関である全国人絹特約店組合連合会との間に、レーヨン糸の取引を両連合会加盟員のみに限る協定を結んだ。これに加えて商工大臣の裁定もあって、同年9月までに銅アンモニア法を除くビスコース法の21社のすべてが加盟会社となるに至った。このようにカルテル強化を実施しつつ、国際関係の悪化に伴う輸出の停滞から次第に高度の休錘実施へと進み、最高の生産をあげた1937年における操業短縮率は59％、よく1938年6月には実に登録設備の73％という異常な高率に達した。しかも輸入パルプの逼迫という原料問題も加わり、同年8月から日本人絹連合会による操業短縮協定は数量割当制の生産統制に改められた。

　レーヨン糸の操業短縮がこのように強化されていた頃、新たに現われたレーヨン・ステープルが繊維原料輸入難に伴う戦時自給化対策に支持されて、極めて短期間のうちに驚異的な発展を示した。ステープルとはレーヨンを短かく切り、適当なカールを与えたものであり、ステープル・ファイバーの頭文字をとって俗にスフと言われる。ステープルについては、既に我国でもレーヨン糸生産の初期からレーヨン糸屑又はレーヨン糸を切断して得た短繊維を紡績する試みや、1928年（昭和3）頃IG社のビストラの輸入に刺激されて行なわれた試験的生産などが見られた。しかし本格的な工場の建設は1933年（昭和8）以降のことであり、それは満州事変後の時局の要請と世界におけるステープル生産の動向に刺激されたためであった。特にオーストラリアが1936年（昭和11）5月関税引上げを実施したのに対し、報復手段として我国が「通商擁護法」を発動し、一時的ではあったがオーストラリアからの

羊毛輸入制限を行なうに至って、アウタルキー経済確立への要望が強まり、更に 1937 年の日華事変勃発によって、ステープルは自給自足経済の一環としてその増産を強く要求されるに至った。当時我国の繊維産業は軍需産業の前に次第にその影を薄めていたが、輸出においては依然として総額の 6 割近くを占めて重きをなしていた。しかし繊維原料輸入額は 10 億円前後に達して輸入総額の約 4 割を占めており、原料の過半を海外に仰がざるを得ない天然原料による繊維工業は、次第に苦境に立たざるを得なくなった。このような状況から綿花・羊毛に代わるレーヨン・ステープルの急速な増産が要請されたことは当時としては当然の成行きであった。

ステープルの生産に進出した会社の大部分は綿紡績会社・レーヨン会社又はその資本系統に属するものであったが、これは綿紡績業及びレーヨン工業が 1935 年（昭和 10）ないし 1937 年を頂点として、輸出の減退とこれに伴う生産過剰傾向のため新たな活躍の場を求めざるを得なくなったこと、又綿紡績業及び羊毛工業にとっては綿花・羊毛の輸入制限という事態を迎えて、ステープル工業の発展のうちに主要原料の解決策を見出していかざるを得なくなったことをその理由として持っていたためである。更に従来レーヨン糸を生産していた会社は第 2 次操業短縮の渦中にあって、休錘設備をステープル生産に転換し得る特典をも利用することができた。レーヨン糸とステープルとはその製造工程の半ばまでは全く同じであり、紡糸機の転換も比較的行ない易く、技術的にも資本的にも転換整備が容易であったのでこの移行は一層促進された。しかも 1937 年（昭和 12）9 月からは軍需産業優先政策の一環として公布施行された「臨時資金調達法」によって、繊維産業の大半は設備の改良や新増設が資金的に抑制されたが、ステープルは「国策繊維」としてなお暫く例外的な取扱いを受けることとなった。こうして 1938 年（昭和 13）には早くも 17 万 t を記録して世界第一の生産国となり、33 社 44 工場が操業し、設備能力は 10 年末の 20 倍余、日産 673t へと飛躍的な増大を見た。

しかしこのステープルのあまりにも急激な発展は、独自の経済性に基づくというよりも、外的理由によって引き起こされたものであり、品質的にはなお極めて不十分なまま大量の増産となったものである。1937 年（昭和 12）前後の繊維消費量は戦前の最高を示し、1 人当り繊維消費量は 1936 〜 1938 年平均で 6.6kg に達したが、そのうち 1.1kg はステープルであった。そのた

め当時我国は量的にはかなり豊富な繊維消費国であった反面、内容的には品質上なお問題の多かったステープルの比率が増加していることにより、消費者に対する繊維品の実効価値は必ずしもそれに比例して高まったものとはいえなかった。

一方国際緊張を増す険悪化した諸情勢は各国を軍備拡張に駆り立て、我国においても1937年（昭和12）7月の日華事変の勃発と共に、軍需産業拡充強化策が打ち出され、1937年9月の「輸出入品等に関する臨時措置に関する法律」から、やがて1938年5月の「国家総動員法」を経て、戦時統制は急速に経済の全域に波及していった。更に日華事変の拡大と長期化、1939年9月の第2次世界大戦の勃発、1940年9月の日独伊三国同盟の締結、そして1941年12月の太平洋戦争の勃発など一連の非常事態に直面して、我国経済は軍需確保のための自給体制強化に進み、それと共に繊維産業の自主的な発展の歴史は消滅して、年と共に苛烈を加える戦時統制経済の歴史がこれに代わることとなった。

1937年（昭和12）10月には「輸出入品等に関する臨時措置に関する法律」に基づいて「臨時輸出入許可規則」が制定され、綿花・羊毛などはいち早く輸入制限品目に指定されて戦時下の繊維原料輸入統制が開始された。更に化学繊維原料についてもまずステープルは1938年6月から、レーヨン糸は同年8月から、業界の自主的団体である日本ステープル・ファイバー同業会（1938年9月から「工業組合法」に基づく日本ステープル・ファイバー製造工業組合となった）と日本人絹連合会によって、それぞれパルプの割当を伴う生産割当制が実施され、同年9月にはレーヨン用パルプが前記の許可規則の輸入制限品目に追加された。一方1937年11月から毛製品に対する「ステープル・ファイバー等混用規則」、翌1938年2月から「綿製品ステープル・ファイバー等混用規則」が実施され、内需向け純毛・純綿製品の統制が始まったが、更に積極的に輸出の振興を図るため、製品輸出量に対して品種ごとに一定数量の原料輸入権を与える輸出入リンク制が、1938年3月以降逐次実施され、レーヨン製品では同年8月にレーヨン糸、10月にレーヨン織物、翌年2月にステープル及び同製品に対して適用されることとなった。

また軍需産業の緊急度が高まるに伴い、1938年（昭和13）1月にはこれまで比較的優遇されていたステープル設備も「臨時資金調整法」によってそ

の増設が抑制されることとなり、また同年2月には商工省令「繊維工業設備に関する件」が公布され、綿・毛・レーヨンの糸・織物・メリヤス設備の新増設はすべて商工大臣の許可を要することとなった。

　このように日本の国際関係に暗雲が立ちこめてきたときにナイロンの発明がデュポン社より、1938年（昭和13）10月27日に正式に発表されたのであった。次章ではナイロンが日本へいかにして導入せられたかを精査するとともに、その検査結果を徹底解明する。またナイロン出現に対する世論及び大学、企業人の認識を資料により闡明する。

文献

本章の数字等については次のものを全体として参考にした。
　楫西光速編『現代日本産業発達史第11巻「繊維」（上）』、交詢社出版局、1964年。
　守屋典郎『日本資本主義発達史』、青木書店、1969年。
　大原総一郎『化学繊維工業論』、東京大学出版会、1961年。
　『帝国人造絹糸株式会社　創立30周年記念誌』、1949年。

4 ナイロン出現とその影響

第1節 日本への最初のナイロン

(1) 日本へのナイロン到来調査の手がかり

雑誌『高分子』の1965年(昭和40)の10月号[1]にナイロンの見本品の入手と分析に関った人々の次に示す対談がある。発言者の身分は当時のものを(　　　)内に示す。

岩倉義男(東京大学教授)

星野孝平(東洋レーヨン(株)常務取締役)

荒井溪吉(高分子学会常務理事)

桜田一郎(京都大学教授)

神原　周(東京工業大学教授)

現在ではすべて故人である。

岩倉：しかし、昭和13年のうちにナイロンの見本が日本には入ってきましたね。

星野：それはパイロット・プラントで前からやってますから……。

岩倉：日本でその製品を入手しているのはどこがいちばん早いのですか。

星野：三井物産が早かったです。

荒井：それは会社が工業化計画を発表される前に日本に来ていたよ。うちの死んだおやじがやはりそのころストッキングをみせてくれましたよ。それはアメリカの輸出関係の商事会社からもらったのです。

岩倉：東京工大の学長が手に入れて、それを星野敏雄教授に渡したというの

は、昭和13年の暮れなんです。
矢沢：僕らのみたのは9月ですね。ニュースとしては、6、7月ごろから出ていたね。

....

星野：Carothersの死ぬ1年ほど前のアメリカの新聞にはそういう記事が出ているのです。当時三井物産のニューヨーク支店におられた酒井茂さんが、その新聞記事を見て、ニューヨークから三井物産にいって、Carothersに電話したのです。見本をほしいといわれたら、いま出せないという返事があったといっていました。
桜田：そのころは「ファイバー66」で、ナイロンという名前じゃなかったですね。
星野：酒井さんはおそらく電話でしたがCarothersと話したただ1人の日本人でしょう。
桜田：僕ら実物を手にしたのは歯ブラシです。荒井君から貰ったのは、もちろんその前ですけれども、あれはもと何であったかわからぬぐらいの少量でした。
岩倉：矢木教授がその頃向こうから帰られて先生から歯ブラシを見せていただいたのを覚えています。
桜田：歯ブラシは11月ごろ僕は貰ったんですよ。
岩倉：13年ですか。
桜田：そうそう。
神原：13年に僕は釣り糸のテングスを貰ったな。日東紡の片倉三平さんに……。
桜田：モノフィラメントのほうが先にたくさん入ってきているんだ。
（著者注：テングスとは、天蚕糸と書き、テグスともいう。蚕の幼虫の体内から絹糸腺を取り、酸と食塩水に浸し、引き伸ばし乾かして精製した白色透明の糸で釣糸に用いた。
　　モノフィラメントとは太い1本の繊維から成る長繊維糸のことである。これに対して何本かの繊維がより合わさってできた長繊維糸をマルチフィラメントという）。

(2) 三井物産経由で東レへ

東大教授の岩倉氏の「日本でその製品を入手しているのはどこがいちばん早いのですか」の問に、東レ常務の星野氏が「三井物産が早かったです」と答えているが、『東洋レーヨン社史』[2)]に次の記述がある。

「昭和12年（1937）2月、米国の新聞紙上にデュポン社が研究している新合成繊維 "Fiber66" のことが一部発表されたので、三井物産株式会社ニューヨーク支店では、直ちに新合成繊維についての情報を集めて当社宛送付したので、当社の技術者は新合成繊維に対する関心を持った。こえて昭和13年9月20日、デュポン社がかねて出願中であったナイロンの米国特許が公示され、翌日新聞紙上に発表されてので、この情報は三井物産ニューヨーク支店を通じて当社にもたらされた。ついで10月27日にデュポン社はナイロンの発表を正式に行ったので、当社は辛島会長はじめ首脳部で合成繊維工業勃興の気運を見通し、10月種村研究課長のもとに研究課全員による合成繊維の研究を開始した。ポリアミドの研究については、三井物産ニューヨーク支店に依頼して、ナイロン糸などの試料およびナイロンに関する特許の写を入手してもらい、これを手掛りとして研究を進めた」。

東レは三井物産の翼下にあったので関係が深く、三井物産経由でナイロン66の試料を手に入れたことがわかる。さらに社史によると翌1939年（昭和14）2月になって、ポリアミド研究の担当者星野孝平氏らが、米国から入手したナイロン66試料（フィラメント糸44D、15フィラメント）を濃塩酸で加水分解したところ、アジピン酸とヘキサメチレンジアミンに定量的に分解されたので、ナイロンはアジピン酸とヘキサメチレンジアミンの縮合重合物であるポリヘキサメチレンアジパミドであることが判明した。さらに3月下旬に実験室でアジピン酸とヘキサメチレンジアミンを作り、これを重合してポリヘキサメチレンアジパミドのポリマー（重合体）を得ることができた。1939年（昭和14）2月に成分がアジピン酸とヘキサメチレンジアミンであることを加水分解によって確かめたのであるから、入手時期は1938年暮れか、1939年の1月頃であろうと推測される。

（著者注：フィラメント糸44D、15フィラメントとは、15本の繊維がより合わさった長繊維糸である。Dとはデニールとよみ、糸の太さを表示

する単位である。標準長さ450mのものが単位重量0.05gの何倍の重量であるかを表す数をいう。したがって44Dとは450mの重量が0.05×44 = 2.2gであることを意味している。単繊維のときはdを用い、何本かの繊維がより合わさったフィラメント糸ではDを用いる）。

(3) 三越経由は可能か？

星野氏に続く荒井氏の会話は重要である。

荒井：それは会社が工業化計画を発表される前に日本に来ていたよ。うちの死んだおやじがやはりそのころストッキングをみせてくれましたよ。それはアメリカの輸出関係の商事会社からもらったのです。

この話が事実ならばこのストッキングが日本に最初に入ったナイロンになる。荒井氏の父君は荒井谷吉といい、東京の三越の商品試験部におられた（岩倉氏からの聞きとり）。1937年（昭和12）つまりデュポン社が正式にナイロン66を発表した、1938年（昭和13）10月23日のほぼ1年前に靴下に試験的編立をしているが、全部で56の靴下と婦人肌着がナイロン・プロジェクトで働く男性の妻に配布されているだけである。技術者は編み立て試験後はスクラップを集め、全体を計量して新繊維が失くなっていないことを確認するくらいの秘密の保持に注意を払ったとされている[3]。このような事実から、この発言は時期をまちがっていると考えられ、荒井氏が見たストッキングは、1940年5月15日の正式売出しの前の見本品と推定される。岩倉氏も荒井氏が時期を誤認していると聞きとり調査時に明言されている。

(4) 日東紡績経由で東京工大へ

次の岩倉氏の発言に移る。

岩倉：東京工大の学長が手に入れて、それを星野敏雄教授に渡したというのは、昭和13年の暮れなんです。

東京工大の当時の中村学長がナイロンを手に入れた話はこの座談会の中で神原周氏が次のように語っている。

神原：……そのうちに、さっきお話しのあったように、昭和13年に日東紡

の社長、片倉三平さんが工大にナイロンのモノフィラメントのテングスを持ってきたのです。中村学長からこういうものを研究しないかというお話がありました。

岩倉氏は当時1938年当時、東京工大助教授であった星野敏雄氏のもとで卒業研究に励んでいた。「星野敏雄先生還暦記念集」[4]中の半生の回顧の中に次のくだりある。「……丁度13年の年末から14年の年頭にかけて議会ではアメリカのナイロンが日本のドル箱、絹糸の強敵として大問題になつた。14年2月の終り頃中村学長からの呼び出しがあつた。学長はナイロンらしいものを示して『君！ これはなんであると思うね』『君！ 本学に職を奉じているからにはこういうものをやつて呉れ給え』『それを頂戴できますか』結局全部を頂戴して計量してみると0.2瓦ある。それを卒論学生の巨大漢故中井周二君と一緒に濃塩酸と熱して加水分解して、アジピン酸とヘキサメチレンジアミンが得られたので所謂ナイロンの化学構造が解明されたわけである。

このことについては昭和14年3月12日発行の化学工業時報の写しや新線状化合物その他の題でしばしば発表しているので、その方を参照願いたい」。

岩倉氏の証言によると1938年には星野研究室の卒研生は、岩倉氏と上文に出てくる中井周二氏の二名のみである。上文では筆者が下線を引いた部分は2月ではなく、12月の誤植であろうと思われる。理由は、岩倉氏が座談会で13年の暮れと言っておられる上に、1939年（昭和14）の『化学工業時報』の3月12日発行分にのせるには、2月の中旬には原稿が出来ていなければならないはずであるので、上文中の「……2月の終り頃中村学長から呼びだしがあった」では時間的に不可能であるからである。神原周氏の発言と星野敏雄氏の自伝からわかることは、日東紡の片倉三平氏（当時日東紡社長）がナイロンのモノフィラメントのテングスを東京工大の中村学長の許に持参し、これが当時助教授であった、神原周氏や星野氏等にわたったということであり、時期は1938年の12月頃と推定されるということである。

(5) 商工省経由で繊維工業試験所へ

『星野敏雄先生還暦記念集』にはナイロンの日本への到来について重要な

文章がある。これは1938年当時、東京工大を卒業し、繊維工業試験所で繊維物資学を研究テーマにしていた成田時次氏の寄稿文「アジピン酸とヘキサメチレンジアミン」[5] P.239である。

「……昭和13年ナイロンが、アメリカから、日本へ持ち込まれて、学界や業界をおどろかせた。繊維物資学を当繊維工学試験所で研究テーマにしていた私は早速その測定にあたつた。幸運にも、ナイロンをテストピースとして相当量入手し得たのは私が初めてであつた。クリープやリサキゼーションを専門にやつていた私は、その方面の性能の入念に研究した。ただ何から作られていたかは全く知るよしもない。絹の性能を数年にわたつて研究していた私は、絹の欠点をよく知つていたのでナイロンの性能の優秀性に日を重ねるに従つて驚きの目をみはつた。

そんな頃である。ナイロンはヘキサメチレンジアミンとアジピン酸の重合物である、という解明が星野博士によつて行なわれた」。

成田氏が上文を寄稿した当時は繊維工業試験所所長（現在は経産省材料科学研究所に統合されている）であるが、この試験所が1938年（昭和13）に相当量入手していたというのは0.2gしか入手できなかった星野氏と比較すると驚きである。しかし上文から推定すると、ナイロンの性能を検査中に星野氏の発表（化学工業時報、昭和14年3月12日）があったのであるから、成田氏の入手も1938年（昭和13）の暮れ頃であろうと推定される。尚、成田氏はこの成果を『ナイロン』[6]という本（昭和14年6月25日発行）に寄稿しているが、どこからどれだけ入手したかには全くふれられていない。繊度、強靱性、弾性、剛性、クリープ、ゲル性等について調査しているのである程度の量を入手したものと推定される。

(6) 鐘紡経由で京大桜田教授、阪大呉助教授へ

次に矢沢氏の発言に移る。
矢沢：僕らのみたのは9月ですね。ニュースとしては、6、7月ごろから出ていたね。

矢沢氏は当時鐘紡の研究所の研究員であり、鐘紡では9月に見本品を手に入れていたことになる。次の桜田氏の話に移る。

桜田：僕ら実物を手にしたのは歯ブラシです。荒井君から貰ったのは、もちろんその前ですけれども、あれはもと何であったかわからぬぐらいの少量でした。

　桜田氏は荒井氏から試料を得たと述べているが、この経緯については、桜田一郎著『繊維・放射線・高分子』[7]（昭和36年10月25日発行）、雑誌『自然』[8]（昭和43年4月号）、『高分子化学とともに』[9]（昭和49年3月31日発行）、『荒井溪吉遺稿　戦時追憶の記』[10]（昭和62年6月12日発行）等に記載があるが、『高分子化学とともに』から一部抜粋する。

「1939年1月のある日、当時富士紡の大阪駐在員であった荒井溪吉君（現高分子学会常務理事）が、研究室を訪れた。ふところからとり出したのは、ナイロンのサンプル0.3mgであった。数日前、鐘紡の津田社長、城戸専務などと面会し、面白い繊維であるとして与えられたのが、ナイロン数mgであった。阪大の呉祐吉君の研究室、その他へも置いてきて、私の手に渡ったのは上記の量であった。"これはたいした繊維だ。桜田君、まず構造と性能をはっきりさせてくれ"と彼は熱をもって語った。

その後、1月中に、各所から、いろいろのナイロンのサンプルを入手した。ナイロンを剛毛に使った歯ブラシが一本あったが、他はいずれも、絹糸様の長繊維であった。婦人靴下用に、淡褐色に染色したものが多かった。

荒井君のもってきたサンプルは0.3mgであり、長さは3cmぐらいに切断してあったが、X線写真を撮影するのには多すぎる量である」。

　上記文中に歯ブラシ一本を入手したくだりがあるが、この入手時期は1月であると明記してある。

　荒井氏の遺稿集では鐘紡の津田社長に紹介された城戸専務からナイロンサンプルを与えられたのが1939年1月で桜田氏のもとにすぐに持っていったとある。鐘紡の矢沢氏は9月に見たが分析はしていない。前出の『繊維・放射線・高分子』の中に次のくだりがある。

「ほんのわずかのナイロンをくれたのは、実は鐘紡の津田社長のところに行ったところが"君の東大の機械の先輩の城戸清吉というのがうちにおるから紹介する"ということで城戸さんにお会いした。そうしたら城戸さんが"実はニューヨークの駐在員が変てこな繊維を持ってきた。こいつ、なにかしらんけれどもえらい強いんだ。荒井さん、これはなんだろう"とい

う質問であったので、それで少しもらって私なりにそれをいじくってみると、どうも、たしかに綿でもなければレーヨンでもない。スフでもない。どうもわれわれの手に負えない。やっぱりそれだったら先輩に相談したほうがよかろうというんで、そのサンプルのひとつを桜田教授のところへ持っていったら、さっきお話のように、解析がはじまった」。

鐘紡には津田社長の先代の武藤山治（さんじ）社長の退職金を基に創設された、鐘紡武藤研究所（昭和9年3月創設）があり、ここでも一部検査された。『鐘紡百年史』[11]は次のように伝えている。

「昭和13年秋、当社ニューヨーク駐在員から、昭和12年デュポン社で開発されたナイロン布地片が津田社長のもとに送られてきた。これが我国に紹介された最初のナイロンであった。

津田社長は早速これを分与し、一片は武藤理化学研究所に検討を命じるとともに、一片は当時官民一体で設立されていた日本化学繊維研究所（現京都大学研究所）の桜田一郎京都大学助教授に渡して化学分析を依頼、さらに一片を農林省蚕糸試験所に送った」。

この文章は鐘紡が日本で最初にナイロンを入手したとあるが、矢沢氏が言うようにもし9月に入手していたならば最も早いことになるが時期が明確ではない。また財団法人財団法人日本化学繊維研究所については後述するが、桜田一郎氏は昭和10年に教授に昇格しており身分を助教授としている点は明らかに誤っている。農林省蚕糸試験所は農林省横浜生糸検査所のことであり、後述する。自社の研究所で検討しながら、外部にも送った理由としては、当時鐘紡は塩化ビニルや酢酸ビニルの工業化に成功した日本合成化学工業という会社の株式を7割取得し（1938年1月20日）ビニル系繊維の研究に本格的に乗り出そうとしていた時期[12]であり、ナイロンの検討に人手をさけにくかったことがあげられよう。

桜田氏と呉氏は、1939年（昭和14）2月16日大阪で開かれた「ナイロンを中心とせる合成繊維講演会」（繊維文献刊行会主催）に於いて、研究成果を発表している[13]。特に桜田氏はX線回析によってナイロンがアジピン酸とヘキサメチレンジアミンであることを0.3mgの試料から決定している。これらの成果は『ナイロン』誌上でも発表されている（昭和14年6月25日発行）[14]。桜田氏は1939年3月7日に、京都経済倶楽部お茶の会、8日に名

古屋経済倶楽部午餐会にてナイロンの構造、性能等の講演を行っている。この速記録が『化学評論』(1939年第8号)[15]に載せられている。また、戦前の科学啓蒙雑誌である『科学知識』(昭和14年4月18日発行第5号)にもこの分析に基づくナイロンのわかりやすい記事を載せている[16]。

(7) その他

尚、これ以外にナイロンを検査した人物機関には次のものがある。
農林省横浜生糸検査所　技師　村井清
1939年4月12日　光棉研究会主催「ナイロン検討講演会」で発表。
(著者注：光棉とはステープル・ファイバー、スフのこと)
名古屋高商教授　小原亀太郎
同上の「ナイロン検討講演会」で発表。

小原氏の入手したナイロンは4.5mgの糸1本であり、顕微鏡による観察研究が主である。村井氏は5種類のナイロン糸を入手しており、繊度、撚数、伸度、弾性、耐水性、耐久力、光沢度、比重、脆化、燃焼、溶融点、定性試験に対する反応、化学薬品に対する抵抗性、有機溶剤に対する溶解性、熱処理に対する抵抗性、染色試験、水分割合、吸湿性等、25項目の試験を実施している。またナイロン糸をつかって靴下十数足を編み、アメリカ婦人や日系二世婦人に実際にはかせ、はきごこち等について検査している。前出の『鐘紡百年史』より、鐘紡から試料が来たことは確かであるが、これだけ多数の試験を行うためには鐘紡以外からも試料を入手していると考えられる。以上2名の検査結果は前出の『ナイロン』に寄稿されている[17]。この2名ともナイロンの入手先や時期は述べていないが、試験期間と発表日時を考慮するといままで調査した人々と同じく、1938年暮れから1939年の初めにかけてであろうと推定される。

(8) 結論

この節では最初のナイロンがどのようにして日本に入ってきたかを調べてきたが、基本的には主に以下の5つの形態があることがわかった。

①三井物産（ニューヨーク支店等）→東レ研究所→星野孝平氏が加水分解で構造決定
（1938年12月～1939年1月に入手、2月に構造決定）
②日東紡績（片倉三平社長）→東京工大中村学長→星野敏雄助教授→卒研生中村周二氏と共に加水分解し構造決定（1938年12月頃入手1939年1月～2月に構造決定）
③商工省→繊維工業試験所→技師成田時次氏が性能試験（構造決定はされず）（1938年12月～1939年1月）
④鐘紡（津田信吾社長）→城戸清吉専務→富士紡績荒井溪吉氏→京大桜田教授X線回析で構造決定　1939年1月に入手、1～2月に構造決定）
⑤鐘紡等→農林省横浜生糸検査所→技師村井清氏が性能試験（構造決定はされず）（1938年12月～1939年1月）

　④の鐘紡については矢沢氏の発言からは1938年9月頃に入手した可能性はあるが、証拠はない。デュポン社が正式にナイロンの工業化を発表したのは、1938年10月27日であるので、これ以後は後述するパイロット・プラントからの見本品を多量に放出したと考えられる。当時の船便を考えると、これらの見本品が日本に入るには、1938年12月になり、上記の日時と一致する。

　日本で構造決定を行ったのは、①、②、④であり、1939年の1～2月に行われている。東レ研究所及び東京工大星野助教授のもとでは加水分解法で行われているが、京大桜田教授はX線で行ったところが異なっているが結論は3者とも一致している。最初にナイロンの紡糸に成功したのは東レであり、前出の東レ社史によれば、1939年3月下旬である。

　特筆すべきことは、商工省、農林省は大学関係とは異なり比較的多量のナイロン見本を入手していることである。特に農林省ではナイロンを使って実際に十数足の靴下を編んでいる。当時の各省は商社等多くのネットワークをもっており比較的試料入手が容易であったことは想像に難くない。

　また前出の『高分子化学とともに』の中の桜田氏の発言、「その後、1月中に、各所から、いろいろのナイロンサンプルを入手した。ナイロンを剛毛に使った歯ブラシが一本あったが、他はいずれも、絹糸様の長繊維であった」でもわかるように、1月になると比較的多くの試料が入ってきている。した

がって、最初の試料の多くは、1938年の12月頃に入手された確率が高い。ところで前出の「ナイロン」の付録として実物のナイロンが付けられているのでこの本が出された1939年6月には大量のナイロン見本が我国に入っていたものと推定される。

次節ではナイロンの検査結果から、各研究者はどのような結論を下したか。特に絹との比較においてどのような結論を下したかは、ナイロンの出現が世論に与えた影響に大きく関連するので、この点を闡明したい。資料としては1939年6月に発行された前出の単行本『ナイロン』（紡織雑誌社編）を利用する。この本は1939年前半までに得られたナイロンの検査結果やナイロンの講演会、ナイロンについての識者の意見を集大成したもので当時のナイロンの状況を知ることができる稀覯本である。

第2節　ナイロン見本品の試験結果

(1) 京大桜田教授の見解 [18]

『ナイロン』に寄稿された桜田氏の検査結果と見解を要約すると次のようになる。

①ナイロンの化学的抵抗力は絹よりも大きい。悪い石ケンで洗っても漂白粉で漂白してもほとんどその質をいためない。この点は絹よりも優れている。

②化学的な抵抗力の強いことは半面染めにくいという欠点を伴っている。婦人用靴下の程度の染色は困難はないが、種々絢爛たる染色をNylonにする事は現在では不可能に近い。

③ヤング率が絹に較べて非常に小さい。絹と争うためにはヤング率を数倍にすることが必要。（注：ヤング率とは次のように定義される。一様な太さの棒の一端を固定し、他端を軸方向に引く場合、棒の断面にはたらく応力をT、単位長さあたりの伸びをεとすれば、比例限界内で$T = E\varepsilon$という関係が成り立つ。このように伸び変形で応力Tとひずみεとの間に比例関係が成り立つとき、比例定数$E = T/\varepsilon$を

ヤング率という。Pa、N/m²で表示される。物質特有の定数である。1807年ヤングによって導入された)。
　④ナイロンは絹より優れた弾性が宣伝されているが、"絹より大きい弾性"が望ましいか否かはこれから明瞭にしなければならない問題であり、決してNylonが紡織繊維として絹より優秀であることを意味しない。

桜田教授がナイロンが絹より優れていると認めているのは化学的抵抗力だけであり他の点については絹より優れているとはいえないとしている。しかし桜田教授は蚕は決してアメリカ婦人の靴下を提供するつもりで繭を造っているわけではなく、多数の貴重な研究により絹の品質は大いに改良されたのであって、絹の性質が紡織繊維として最高であるかの如く誤解してはならないことも指摘している。したがってナイロンも絹のようにさらに改良されれば、絹よりもすぐれた繊維になり得るが、現在のところでは、絹の強敵にはなり得ないと考えている。

(2)　横浜生糸検査所技師　村井清氏の見解[19]

　横浜生糸検査技師である村井清氏はナイロンについての多くの性能実験を行い、またナイロン糸を使って実際にナイロン靴下を十数足編んで、その性能についても検査している。前節で指摘したように農林省は靴下を十数足編みあげるほどの多量のナイロン糸を入手していることは驚異である。大学関係者がごくわずかしか入手していないことと比較すると農林省のネットワークがいかに大きいかがわかる。『ナイロン』に寄稿された村井氏の論文を要約すると次のようになる。
　①ナイロンの弾性はその最も誇らしい特長として宣伝されているが、実際靴下として使ってみると、ナイロン靴下の弾性と絹靴下のそれとは大差ない。
　②水に対してはナイロンは絹糸よりも幾らか強い。
　③耐久力についてはナイロンと生糸と優劣がない。
　④日光、雨露に対する脆化性はナイロンの方が絹よりずっと良い。
　⑤酸性染料、塩基性染料によってナイロンと絹を同一浴、同一状態(80℃、

30分間）で染めるとナイロンは絹よりも染まりが悪い。

⑥ナイロンは絹に対して非常に摩擦に対して抵抗性が大きいが、これはナイロンが軟かすぎるための一つの現れであり、大きな欠点でもある。ナイロンの軟かさに相当するような細かい調整ができる編み機は現在のところない。

⑦ナイロンは絹に対して非常に伸びが大きいが、これは加工上の大きな取り扱いにくい原因となっている。

⑧ナイロンは糸そのものにはムラがないが、第2次的に現在の加工機械あるいは準備処理等では避け得られない多くのムラを製品に出しやすい。

⑨ナイロンで作った薄地の靴下は編地のループが立体的にならず非常に痩せた感じになる。

⑩デュポン社によると、ナイロンは切断張力の90％の荷重を加えても60％の弾性回復度を持っていると宣伝しているが、実際は糸を加工する際にも製品とする際にもこのような荷重の大きな状態では使わない。実用範囲内ではナイロンの弾性が他の繊維よりも一番劣っている。実際に製品になったナイロン靴下は、宣伝されているように絹よりも弾性があるということは否定される。

⑪ナイロンは耐水性、耐熱性が非常に強いので、水分効果や熱効果による撚り止めがきかない。

⑫メリヤス等では表面に化学操作を行うが、ナイロンでは化学薬品に対する抵抗性が強すぎて、これらの化学操作ができない。また、化学薬品に対して安定であることは染め付きが悪いことでもある。

また、十数人の米国婦人や日系二世婦人に村井氏等が編んだナイロン靴下と米国ゴーザム会社で作ったナイロン靴下をはかせて聴いた感想を載せている。要約すると次のようになる。

①ナイロンの靴下はレーヨンに似て絹と異なる。
②透明度はナイロンの方が絹よりも非常によい。
③ナイロン靴下は手触りが悪く、ワックスをいじっている感じがする。
④ナイロン靴下は締め付けが悪くて靴下が下がってくるような不安な感

じがする。
　⑤ナイロン靴下は滑りすぎて靴が脱げやすい。
　⑥ナイロン靴下は着脱の際の伸びが非常に悪い。
　⑦ナイロン靴下の方が絹靴下よりもほつれやすい。

　以上みてきたように、村井氏によればナイロン糸そのものについて生糸に勝る点は、日光、雨露に対する脆化性が絹よりも良いことだけである。デュポンが宣伝している弾性も実用範囲においては他の繊維よりも劣るとして、総合的にみても絹よりも劣るとしている。実際に編んだ靴下においてもはいた婦人によれば透明度のみがナイロンはすぐれているが他の面においては絹よりも劣っている。以上のような点から村井氏は、ナイロンは靴下としては絹の敵には成り得ず、他の分野に使われるであろうと予想している。例えば、釣糸、魚網ガット、シート、レーン・コート、リボン、パラシュート、包装用透明紙、フィルム、可塑物、織物仕上剤等である。

　しかし、村井氏の議論にはナイロン糸にあった編み機の改良、またナイロン糸自体の改良及びナイロン糸の大量生産における価格の低下等に対する視点が欠落しており、非常に楽観的なものとなっている。

（3）　商工省繊維工業試験所技師　成田時治氏の見解[20]

　商工省の成田氏は農林省の村井氏に較べて検査試料が少なく実際に編んでいないが①強靱性　②弾性　③剛性　④クリープ　⑤ゲル性　等について検査している。『ナイロン』に寄稿された成田氏の検査結果と見解を要約すれば次のようになる。
　①ナイロンの強靱性は絹にくらべてたいして大きくはないが、相当優れた性質を有している。
　②弾性限界（糸に張力を加えて引き伸ばした場合、原形に戻り得る最大の値）は絹よりもナイロンが大きく優れている。
　③ナイロンの剛性は絹よりも小さいので、ナイロン糸が実際に用いる場合において取り扱い上困難を生じてくるとともにナイロン製品の触感の上に抵抗性の少ない感じをうけると考えられる。

④クリープとは、物体に加えた外力の大きさが一定でも歪（ひずみ）が時間とともにゆっくり増す現象である。つまりクリープ性があればしわがとれやすいのであるが、ナイロンはすでに延伸されているのでミセルの配列が著しく改善されているので外力を加えても生ずるクリープ性には大した期待はかけられない。よってナイロンに発生したシワはとれにくい。

⑤ゲル性とは水分を失って流動性がなくなる性質であるが、逆に流動性がなくなった状態に水分を加えると流動性が生じることになる。ナイロンは含水性、吸水性が少ないので水によって流動性が生じることはなく、水蒸気の利用によってこれを整形できず、ナイロン製品の仕上げの困難がここにある。

成田氏がナイロンに評価を与えているのは強靱性と弾性である。しかし他の点においては絹に較べて否定的な見解をとっている。

（4）結論

これらの検査はデュポン社からナイロンが正式発表された1938年10月27日から8カ月しかたっていない1939年6月25日発行の『ナイロン』という本に掲載されたもので少量のサンプルをもとに検査されたものである。ただし、農林省は絹に対する危機感もあって相当多量のナイロン糸を手に入れ、実際に編んでもいる。これらの検査の結果の共通点はナイロンは絹に較べて優れた点が少なくこの時点においては絹の敵にはなり得ないと考えられていることである。当時の農林大臣の桜田氏も地方長官会議で「ナイロン糸は今のところ別に心配ない」[21]あるいは、国会でも「ナイロンは大して恐るべきものではない」[22]と発言している。これらの発言の裏には村井氏の検査結果がある。しかしこれらの検査者達の見解には、将来改良されていくであろうナイロンの性質や、ナイロンに合った織機がつくられるであろうこと、また大量生産されたときのナイロンの価格低下等の議論がぬけている。これらの「ナイロンの性質は絹に較べて優れているわけではない」という検査者達の意見はさておき、ナイロンの出現に対して一般の人々はどのような感じをいだいていたかを次節でみてみることにする。

第3節　ナイロン出現時の世論

　1939年（昭和14）になると新聞紙上でナイロンが度々とり上げられるようになる。1939年の朝日新聞と毎日新聞に掲載されたナイロン関係の記事と見出しは次のとおりである（日付順）。

朝日（昭和14年2月15日）	新合成繊維の出現　阪大助教授呉祐吉（学芸欄）
毎日（昭和14年3月5日）	米織物業者ナイロン糸を切望。結局売出しは明年か
朝日（昭和14年3月7日）	生糸一と安心。問題のナイロンはまだ我が敵に非ず（産業商工欄）
朝日（昭和14年3月12日）	新合成繊維ナイロンの正体。京大桜田博士の実験写真
毎日（昭和14年3月17日）	ナイロン製造に英国でも乗りだす。デュ社は釣糸発売
朝日（昭和14年4月5日）	ナイロン糸人造繊維より強力だが伸び易いのが欠点（産業商工欄）
毎日（昭和14年4月15日）	ナイロンを衝く意外な結論　鉄より強い。酸に対して弱い抵抗力、新合成繊維の正体（科学欄）
毎日（昭和14年4月16日）	天然絹糸には遥かに及ばず実験された製造工程の弱点村井清氏（横浜生糸検査所）の講演（科学欄）
毎日（昭和14年4月18日）	ナイロン染色の困難。個性の強さと期待される前途（科学欄）
毎日（昭和14年4月19日）	ナイロンを研磨機にも利用（科学欄）
毎日（昭和14年5月24日）	養蚕の特殊性わが国情と適合。独占の地盤堅し勝山勝司氏（蚕糸生糸社長）の講演
朝日（昭和14年8月28日）	ナイロン市場（ナイロン靴下をもつエドガー夫人の写真掲載）
朝日（昭和14年8月30日）	いよいよ市場に出る新繊維ナイロン伸度の過大が大きな欠点。村井清氏にきく
朝日（昭和14年8月31日）	絹に挑戦する新繊維ナイロン問題はアメリカ婦人の嗜好

　このように新聞にも度々とり上げられることによって一般の人々の関心もたかまっていったと考えられるが、1939年の4月5日と8日の東京朝日新

聞に次のような投書とその反論の投書が載せられている。ナイロン発売前夜の養蚕に携わらない一般の人々と養蚕農家の考え方を示していると考えられるのでそれを引用する。

まず一般人からの投書である。

「アメリカのデュポン社が10年の歳月を費して苦心創製したという新合成繊維ナイロンが、わが蚕糸界に与えた衝動は予想外に深刻なものと見えて、昨今蚕糸業者は寄ると触るとナイロンの話で持ちきっている。

ナイロンがこうまで騒がれるのは、それが凡ゆる既成人造繊維の観念を破った驚異的性能と、前人未踏の化学構造をもっているらしいが、ナイロンによって生糸の前途がどうなるかといった観測は実際に工場生産が行われ、製品が出回ってみないことには軽々しい予断は許されない。ただここに国民として無関心でいられないのは、ナイロンの出現によって露呈された、わが蚕糸業の本質的弱点である。

つまり我国の蚕糸業を本質的に考えてみると、なるほど製糸部門においては高度化した近代産業の形態をとっているが、肝腎の基底たるべき養蚕業が依然として原始極まる農業生産に依存しているため、天然品が人造品によって駆逐されるという近代産業の鉄則を宿命的に負わされている事実を、我々として遺憾ながら肯定せざるを得ない。ナイロンが果たしてこの運命の鍵を握るかどうかは、今のところ未知数としても、少なくともナイロンの出現は、その意味から生糸の危機に対する警告とも見られる。

また生糸貿易がアメリカにのみ依然としていることも、わが蚕糸界を新合成繊維出現の声にかくまで狼狽させた原因の1つであったろう。まして国際情勢の逼迫化、世界経済の自由貿易主義からアウタルキーへの移行などを考えると、我国はいつまでも生糸に頼ってはいられない気がする。

したがって我国としては、これを機会に蚕糸業の再検討をなし、今から生糸をして嘗ての天然藍や智利硝石の轍を履ましめぬ対策と覚悟が必要ではなかろうか」。

これに対する養蚕家の反論を次に引用する。

「新合成繊維ナイロンの出現で、あわてふためいているのは、基礎たる養蚕家にあらずして、近視眼或いは遠視眼的な、それを以て食っている知識階級であろう。

第4章　ナイロンの出現とその影響

養蚕農家は原始極まる農業生産に依存して、日夜営々と『子に起き寅に伏す』を信条に働いてはいるが、天然品が人造品に駆逐されるという近代産業の鉄則（？）は、事実一世紀に四五十の例に過ぎないはずである。
　近代科学の驚異的長足の進歩は是認出来るが、ナイロンの出現によって養蚕はやめられはしない。天然藍の轍を履ましめない御心配は有難いが、養蚕農家はこの春蚕をやらなければ税金も、田畑の植付肥料代も、石油、電灯代も支払うことは出来ない。年一度の戦死した弟の盆も人様なみにやられないのだ。殊に蚕を飼えば高利貸も仏顔をしてござる。
　10年後のナイロン風靡を恐れて蚕をやめる、そんなことをしては、今年の盆の支払に夜逃げでもせずばなるまい。天然品が人造品によって駆逐されるということは近代産業の鉄則か知らないが、赤ん坊が生まれたときに湯灌の心配をしている様なもので養蚕家には受け取り難いのである。
　本邦蚕糸業の本質的弱点を養蚕家の原始農業生産に依存しているとする論は、養蚕家業の本質を究明しないものの言葉であって、その本質的弱点は過去の政策が養蚕農家をして底無しの沼に投げ込んだからと申して過言ではない。補助金さえくれれば、百姓は有難がるものと独善し、補助事業がどんなにやられていても、知らぬ半兵衛を極め込んだ事がいけなかったのだ。
　養蚕家は、繭の増産で繭1貫匁金20銭の補助金等を戴くよりも『兵隊さんは死んで下さる、お前等には繭の安い時植え替えの苗木をやるから、死んだつもりで働き抜き、春蚕の掃立を5割も増してほしい』という精神の一言の方が、どれ位有難いかわからない。
　我等百姓の養蚕はやらなければならぬ。ナイロンに負けないだけの精神的、技術的改善の覚悟と努力と共に、政策が必要なのである」。
　日本の絹は根本を養蚕農家に頼っており、養蚕自体は機械化できない。その原始的な養蚕業を保護育成してきた政策を批判しているのが前者であるが、具体的な方策となればなすすべがないというのが正直なところであろう。養蚕家の反論にしても、かれらは当然のことながら、経済的に養蚕をやめるわけにはいかず、養蚕にかわるものがあるわけではなく、補助金のみならず精神的な励しによって蚕糸の生産量を増しナイロンになされるであろう大量生産に打ち勝とうとしている。

一般的な人々の意見はこのあたりが限界と考えられる。それでは、当時の知識層である大学人や繊維産業人はナイロンの出現をどのようにとらえていたのであろうか。この点について資料から解明する。

(1) 東京工業大学紡織科助教授　中原虎男氏の意見[23]

上記の2名の新聞氏の論争を見て、雑誌『人絹』の1939年5月号に次のような記事を寄稿している。

「養蚕家は当局も大いに養蚕に力を致すべきであり、農家も奮起一番大いに蚕を飼い、精神力を以てナイロン等に負けぬ生糸をどしどし作るべきだ」という意味で筆を結んでいたが、こんな所に日本精神を持ち出して来られたのでは、それこそ日本精神が泣いてしまう。飛行機の研究も造繊技術も同じ日本精神だということを忘れてはならぬはずである。

私は製糸家の人々にしばしば聞かされる、生糸は繊維原料の僅に4%にすぎないのであるからナイロンにしてもまだまだ他の原料に喰い入るべき余地が多い等という呑気極まる説である。ナイロンがまっしぐらに生糸を目標としてる事位は是認して貰いたい。

私は統計上の数字は知らぬ。4%であるか5%であるか、どちらにしても成程綿や毛等から比較したら少ないに相違はないが、ただその生糸の大部分というものが日本産のものであり、その生糸によって日本の農家がともかく税金を払ったり、学童の日用品を買ったりするための唯一の現金収入路であるという事、しかもその生糸の顧客がアメリカである事、そのアメリカが躍起となってナイロン工業に力を入れようとしているのだから統計的4%説等で安閑としていられぬものがあるというのである。

……人絹にはまだ一般に生糸程の強度を要求する事が困難である、強さの問題は解決しても弾性の問題で行きつまる。

こうした事を前提としてナイロンを見る時現在のままですらデニール当り生糸より強く、弾性に至っては驚くべきものである」。

中原氏は、養蚕家の精神論での増産に限度があり、合成繊維のナイロンの大量生産にかなうはずがないことを指摘している。また、農林省の村井氏が主張するナイロンの靴下以外の使用に適しているという論を強く否定してい

る。また人絹は性能が到底ナイロンには及ばないとしている。中原氏は、言外に日本精神に基づく日本の合成繊維の出現を期待しているが、次の阪大助教授の呉祐吉氏はさらにすすんで日本は早急に合成繊維の研究機関を全日本合同でつくることを主張している。

(2) 阪大助教授、繊維科学研究所主任　呉祐吉氏の意見 [24]

「ナイロンの我国に及ぼす最も大いなる影響はその性質からいってもコストの点からいっても先ず絹糸業からであろう。したがって養蚕業であり、農業問題である。

日本の絹が大部分米国に輸出され、その大部分が婦人の靴下となり、そしてナイロンがこの靴下を目的として造られているからには、既に発表されているようなナイロン工場が運転され、全米の生産高が日産百頓に至るならば、そして尚将来（或いは5年の歳月を要するかも知れぬが）コストが下がり品質が充分になる事を仮定すれば、日本より米国への4億円の絹の輸出は全然不必要という事となり、日本養蚕農家がその時現在のままであるならば、その影響するところは考える迄もなく悲惨なるものである。

……我々が日本として考えられ又研究したい化合物は多数に存在するのであるから、この際私共は徒らな先がけの功名を争う事をやめてデュポン或いはI. G. 等の研究体系に劣らない堂々たる研究陣営を全日本合同でも之をつくり上げて、来る可き世界新合成繊維工業界に雄飛し得る準備と覚悟とをかためる事が、先ず第一の解決問題ではないかと私は思う」。

呉氏は養蚕業の将来を完璧なまでに予言していると同時に早急な合成繊維の合同研究を強く望んでいる。次に商工省の考えをみてみる。

(3) 商工省技師　岸武八氏の意見 [25]

「最後はナイロンが勝利を得るものとは思いますけれども、何しろ今の中は他繊維との関係もあり、あまりナイロンの声を大にした為に他繊維にその累を及ぼすということがあっても工合が悪い。商工省と致しましてはナイロンも勿論よいですが、今迄既に繊維工業として立派な実を結んでいる人絹工

業、或いは綿業、スフ、羊毛工業と、こういう方面と総てが連絡を執って総てが円満に進んで行くようにしたい、その中に最後はナイロンが段々侵蝕して行くと、こういうことにでもしたらどうかという風に考えている次第でございます。……研究はどうぞ怠らずやって戴いて、一日も早く安くていい物が、而もアメリカの特許によらないで出来ることを希望して止まない次第でございます」。

　岸氏は農林省ではなく商工省の技師であるので養蚕家等に遠慮なく物が言える立場であったと考えられ、はっきりと「ナイロンが勝つ」と明言している。最後にはやはり日本独特の合成繊維の出現を強く望んでいる。次に蚕糸業者や製糸業者のナイロン出現に対する認識をみてみよう。

(4) 日本中央蚕糸会参事　林衛氏の意見 [26]

　「……今後益々科学的研究を進めて行くならば絹の持つ欠点はいよいよ除かれ『絹の良さ』は益々発揮され得ると思う。
　現在蚕糸業の機構は徒らに各業者間に利害衝突し相剋摩擦を増すのみで一貫して糸質の改善よりして、生産費の低下に協力する機構になっていないのである。
　蚕糸業は今ここにも大きな対策が準備されねばならぬのである。
　蚕糸業は現在二百万の養蚕者と数十万の関係業者とを擁し、深くその生活に喰い入っているし、国家又その経済力の資源をここに頼っている所が大きいのであるから、官民一致協力斯業の改善に努め今日よりその対策を講じて行くならば其処には、しかし簡単に『ナイロン』に置き換えらるる程薄弱な基礎の上に立っている蚕糸業ではないのである。
　改めて曰く『ナイロン』恐るべからず、と」
　林氏は蚕糸業の問題点は指摘するが、ナイロンの実体については全く把握していない。理由なしに「ナイロン恐るべからず」と唱えているだけであり、養蚕家を安心させる一種のパフォーマンスを感じるが、これらの発言は身分上いたしかたないことかもしれない。次に製糸業の代表である片倉製糸の紡績試験所技師と郡是製糸の総務課調査室長の意見をみることにする。

(5) 製糸業の代表である片倉製糸紡績試験所技師　北澤孝一氏の意見[27]

「……然るに現在の繊維素人絹が靴下用原糸としては絹に及ばない事を生産者も消費者も熟知している米国に於て絹の王座に挑戦して来たものがナイロン糸である。ここに我々の考慮すべき点がある。ナイロンが絹の選手権に対して挑戦資格を獲得し得ずに終る事を願い乍らも、ナイロンが到達し得た道は我々には1つの刺激であり道標である。生糸により近い人絹が而も耐久力に於て優れたものが出来得るとすれば、消費価値から考えて購入価格の比較は修正される事だろう。しかし筆者は明日にも天絹が亡びるとは決して考えていない。しかしながら絹の行くべき道や絹の優秀なる点を賞揚するのは本稿の主旨ではない。只ナイロンが絹の王座を奪い得ないとしてもナイロンのIdeaとその合成及縮合に示された方法による現実より、種々なる新繊維が生じタフに生糸及毛に挑戦し来るだろうことを明言したい」。

当時、人絹が日本の産業界では大きな位置を占め、数量的に圧倒的に絹に勝っていたが、特に婦人靴下においては、美しい絹が圧倒的シェアを保ち、米国婦人の靴下は日本の絹で占められていた。北澤氏はナイロン自体はともかくとして、さらに性能のよい合成繊維が現れて絹をおびやかすであろうことに危機感を抱いている。

(6) 製糸業の代表である郡是製糸総務課調査室　菅尾源治氏の意見[28]

「わが蚕糸業界最近の不振は、既に述べた如く世界的経済不況による購買力の減退と、レーヨンの強壓とに基因する。前者に就いては姑く措き、後者を少しく考察するに、過去に於ける斯業関係者の大半は、レーヨンの登場とその質的躍進とに対して少々無関心であり、それへの対応策も或いは楽観的ではなかったかと思われる。もし不幸にして斯くありせば、我々は今次のナイロンの出現に対しては今よりこれに最大の関心を払うべきであり断じて前轍を履んではならないのである。

しかし、我々はいま生糸——蚕糸業——が、わが国民経済上極めて重要なる役割を有つが故に、この後日の強敵とも見るべきナイロンを撃破するためには、科学力を益々深く且つ広くこれを応用して質的向上を図り、一路、良

品廉価の大道に向って邁進するならば、わが蚕糸業は、愈々盤石の泰きにつくことが出来ると確信するものである」。

菅尾氏は蚕糸業界の不振の原因の1つがレーヨン（人絹）の進出にあるとし、ナイロンを阻止するには科学力を応用して良品廉価の生糸を生産することを強調する。しかしどのように生糸に科学力を応用するのか、その具体案は全く持ちあわせていないようである。

技術者である北澤氏を除いて、中央蚕糸会の林氏も郡是製糸の菅尾氏もともに現在の絹を科学的に改良していけばナイロンに十分対抗できるという考えであるが、その改良方法について具体的な方法や目処があるわけではない。また、技師の北澤氏もレーヨンが絹の需要範囲を狭めたようにナイロンも絹の需要を狭めることを当然と考えている。このように養蚕家や製糸業者はナイロンの出現を前に打つ手なしというのが実情であった。

次にナイロンの出現により、レーヨンが苦境におちいるであろうと予言し、アメリカとの関係悪化から、絹の増産が輸出に結びつかなくなると警鐘をならす東京工大教授の棚橋啓三氏の意見に耳を傾けよう。

(7) 東京工大教授　棚橋啓三氏の意見 [29]

「窃かに怖るる所はナイロンが普及して最も影響を被るものは天然繊維よりは寧ろ在来のレーヨンであろう事である。

デュポン社は既にデラウェアに大工場を新設中であり、イギリスも亦特許を譲り受けてこれを製造せんとしているようである。アメリカに於てはナイロンを種々の耐水性繊維の代用品、例えば歯刷子の刷毛、ラケットの網糸、釣糸等に使用せんとする外、婦人靴下用原料として日本生糸の駆逐を計っているとのことである。……安価にして上質なるものを造れば、必ず外国に輸出し得るというのは過去の経済学である。現時生糸の増産が計画せられており、資源の増殖に対してはまことに結構である。

ただそれが輸出の為であって、必ず外国が買ってくれると思えば大きな誤りである。現に日本は輸入品の統制を行っている。アメリカが生糸に対して輸入統制を行って悪い理由はない。繊維資源の統制に関し、この辺の注意が充分払われているとすればまことに幸いである。

……わが国に於てもナイロン製造の研究は、既に始められている事である。特許の問題はどうなるかは別として、遅蒔乍ら決して外国の研究に劣らないであろう事が期待せられる」。

この時期は、日中戦争が行われている時であり、アメリカとの関係が悪化している時であるので、いくら絹を増産しても買ってくれるアメリカの態度がどうなるか疑問であると鋭く批判している。やはり最後には日本における合成繊維研究の進捗を期待している。最後に桜田氏や呉氏にナイロン試料を与えた富士紡績の荒井氏の意見に耳を傾けたい。実は荒井氏の合成繊維製造に対する情熱と努力が戦中、戦後にかけて日本の合成繊維研究、製造の原動力となっていくのである。

(8) 富士紡績　荒井溪吉氏の意見 [30]

「各社各位が全く没我の境域に安心立命し、国策の大傘下に研究所も、学校も、会社も、官廳も、総ての資本、総ての技術を動員して、全部打って一丸となり、カローザス博士の業績を懐古し、その努力堅忍の過程を三省しつつ、近視眼的・小乗的態度を捨て、第三次繊維革命に直面して、斯業の転換を円滑無難ならしむると共に、更に進んでは萬代不易の皇運を扶翼し奉らんことを切に念頭する次第である。ローマは一日にして成らず、必ず依って来るところあり、獨りシセロをして之を叫ばしめんやである」。

荒井氏はナイロンの出現を第三次繊維改革とよんでいるが、ここで言う第三次繊維革命とは、「鐘紡百年史」によれば、当時繊維業界の代表的存在であった津田信吾が、ナイロンの出現を紡績機械の発明＝"綿の進出"（18世紀後半）、"レーヨン（人絹・スフ）の登場"（1918～1925）に次ぐ「第三次繊維革命」の到来であるとして、業界に対して在来繊維との競合必至との警鐘を鳴らすために用いた言葉であるという。

荒井氏は繊維産業が学、産、官一体となって近代的合成繊維産業へ転換することを強く主張している。

いままで、学、官、産のナイロン出現に対する意見をみてきたが、蚕糸関係者を除く意見を集約すれば次のようになる。

(1) ナイロンの出現によって絹が打撃をうけることは明白である。
(2) 日本としても、ナイロンに対抗できる合成繊維をつくりだす必要がある。

(2)の具体的方策として、阪大の呉助教授のいう、「デュポン或いはI. G. 等の研究体系に劣らない堂々たる研究陣営を全日本合同でも之をつくり上げる」ことが有力視されることになる。しかしこの全日本合同の研究機関をつくり上げることは、企業間の競争もあり容易にすすみそうには思われないが、荒井氏の異常な情熱と努力、また、戦争前夜のナショナリズムも微妙にからみあって事態はこの合同研究機関の実現へと急転回していくのである。次章ではこの合同研究機関である「財団法人日本合成繊維研究協会」の設立の経緯とその実体を徹底的に解明する。

文献

1) 『高分子』、高分子学会編、1965年10月号、1045-1046頁。
2) 『東洋レーヨン社史』、社史編集委員会編、1954年、290頁。
3) David Brunnschweiler, *Polyester, 50 years of Achievement*, ed. by D. Brunn-schweiler, John Hearle (State Mutual Book & Periodical Service, Limited, 1993): 2.
4) 『星野敏雄先生還暦記念集』、星野敏雄先生退官記念事業会編、1960年、81-82頁。
5) 同上書、239-240頁。
6) 『ナイロン』、紡織雑誌社、1939年、135-146頁。
7) 桜田一郎『繊維・放射線・高分子』、高分子化学刊行会、1961年、209頁。
8) ───『高分子化学夜明けの道── 40年の歩み』、『自然』、中央公論社、1968年 4月号、34頁。
9) ───『高分子化学とともに』、紀伊國屋書店、1974年、90-91頁。
10) 荒井勝子編『荒井溪吉遺稿 戦時追憶の記』、1987年、34頁。
11) 『鐘紡百年史』、鐘紡株式会社社史編纂室、1988年、638頁。
12) 「矢沢将英博士回顧談(上)」『繊維化学』、日本繊維センター、1967年9月号、21頁。

13) 『ナイロン』、383 頁。
14) 桜田一郎「純合成繊維とナイロン」、『ナイロン』、1-41 頁。
15) 『化学評論』、化学評論社、1934 年、第 6 巻 8 号、409-419 頁。
16) 『科学知識』、(財) 科学知識普及会、1939 年、第 19 巻第 5 号、34-39 頁。
17) 村井清「ナイロンの特性とその靴下について」、『ナイロン』、70-110 頁。
    小原亀太郎「ナイロン瞥見」、『ナイロン』、47-54 頁。
    ―――― 「Nylon の顕微鏡的観察」、『ナイロン』、55-69 頁。
18) 桜田一郎「純合成繊維とナイロン」、『ナイロン』、1-41 頁。
19) 村井清「ナイロンの特性とその靴下について」、『ナイロン』、70-110 頁。
20) 成田時治「ナイロンの応用繊維工学的性質の二三について」、『ナイロン』、135-146 頁。
21) 『ナイロン』、379 頁。
22) 『ナイロン』、381 頁。
23) 中原虎男「幽霊東より来る」、『人絹』、日本人造絹織物工業組合連合会、1939 年 5 月号、125-129 頁。
24) 呉祐吉「合成繊維の新展開を前にして」、『ナイロン』、122-126 頁。
25) 岸武八「ナイロン所感」、『ナイロン』、168-171 頁。
26) 林衛「ナイロンと蚕糸業」、『ナイロン』、211-213 頁。
27) 北澤孝一「製糸業者の立場よりナイロンを観て」、『ナイロン』、214-217 頁。
28) 菅尾源治「ナイロンの出現とわが蚕糸業の将来」、『ナイロン』、218-224 頁。
29) 棚橋啓三「合成繊維ナイロンの克服へ」、『科学画報』、1939 年 6 月号、9-13 頁。
30) 荒井渓吉「第三次繊維革命に直面す」、『ナイロン』、177-205 頁。

5 財団法人日本合成繊維研究協会設立

第1節　荒井溪吉氏の活躍

　前章でみたように、ナイロン出現に対する知識人の多くの意見は、日本も早く合成繊維の研究に本格的に取りくみ、ナイロンに負けないだけの合成繊維をつくりださなければならないということであった。さもなければ、絹のみならずレーヨンまでが壊滅的打撃をうけるであろう。すでに1937年には宣戦布告のないまま日中戦争に突入しており、1938年（昭和13）の11月3日及び12月22日に近衛首相は欧米帝国主義の支配からのアジアの解放を高らかに宣言していた。このような情勢のもとでは、阪大の呉助教授が言うように、日本全体が一丸となる研究機関、すなわち産官学一体の研究機関を早急に設立することが必要であると考えるのはむしろ自然なことであろう。あとは、このような機関をつくりあげるために奔走する人物の出現を時代は待つだけであった。その人物こそが前章の最後に登場した東大出身で当時富士紡績社員であった荒井溪吉氏である。荒井氏は阪大の呉助教授や京大の桜田教授に最初にナイロン糸を提供した人物であり、二人とは非常に親しく、呉氏の意見には全面的に賛同していたのであった。荒井氏はこの産官学共同の研究機関を早く実行に移すには、まず関係官庁にはかるべきであると考え所管の商工省に話しを持ち込み、新鋭の事務官、技官と相談した末、逐次上司ともたびたび逢って、迅速なる対策を実行に移した。荒井氏の相談相手となり、援助したのは、商工省繊維局総務課長であり、第一高等学校で荒井氏と同期生であった美濃部洋次氏と美濃部氏の中学以来の親友で当時大蔵官僚であった迫水久常氏であった。大阪から出京しては関係方面に談合することは

ひととおりの手数ではなかった。特に大臣にまで通じて、やっとわかってもらうと、内閣の改造で大臣が交代するという有様であった。次の大臣に面談してわかってもらうとまた交代である。このようにして、悟堂卓雄、八田嘉明、藤原銀次郎、小林一三の歴代4大臣に直接話しをしたという。

　結論としては、官庁と民間と大学関係者が協力して研究協同体制をつくり、共同の研究機関をもって迅速に研究を推進しようということに落着いた。やっとその具体策が決まって基本方針の最後案が決定したのは1940年（昭和15）の初夏であった。荒井氏が活動をはじめてから丸2年かかったことになる。この間の苦労は並大抵のことでなかったであろうことは想像に難くない。桜田教授や呉助教授も役所や企業への説明に荒井氏によってずいぶんひきずりまわされたという。しかし両氏ともこのような機関をつくることには賛成であったので労を惜しむことはなかった。当時、時の商工大臣小林一三氏は東南アジア出張中で、後に総理になった岸信介氏が次官で、大臣勤務を代行していたが、商工大臣官邸に津田信吾（鐘紡社長）、小寺源吾（日本紡社長）、辛島浅彦（東洋レーヨン社長）、岡桂三（東洋紡社長）、藤原銀次郎（王子製紙社長）、厚木勝基（東大教授）、桜田一郎（京大教授）、呉祐吉（阪大教授）以下民間代表、官庁関係、学校代表30余名が1940年6月に集合し、財団法人日本合成繊維研究協会設立の基本方針が決定された。

　当日の会談の様子は荒井氏の遺稿に描写されているが、鐘紡の津田社長は、このような官制統制を批判し、政府による繊維研究の一元化は間違いであると主張したという。しかし「ナイロン発明」による影響をうけて、「国の大事を自分等繊維産業人としても責任があり、放置しておくわけにはいかないので、自分はその総合研究を開始するための基金の一部を寄付しましょう」[1]と述べたという。発明発見に対する官僚統制には企業側に相当根強い反発があったが、日中戦争激化及び「ナイロン発明」による社会情勢は、一企業のみによる研究を許さない情況に追いこんでいったのである。しかし、企業の研究機関をすべてこの財団法人日本合成繊維研究協会に移すのではなく、各企業も並行して独自の研究もすすめていくのである。研究企業化の官制統制に対する企業の抵抗は、商工省事務当局の計画案の骨子の変遷をみるとよくわかる。

　1939年（昭和14）当時の骨子は次のものである。

①各会社が個々でする発明研究をやめて、1つの団体に総合して行う。

　②資材の不足、資金の統制されている折柄、集約的に資材、資金を使い、急速に発明を完成させる。

　③団体の基本金100万円、事業資金600万円とする。

しかし1940年（昭和15）の前出の会議では次のような骨子が承認されている。

　①研究室における研究、あるいは中間的な工業化試験は各企業の自由にまかす。

　②しかし企業化の場合には、この団体がその内容を検討し、有機合成化学事業法による免許の際の判断に資する。

　③研究期間を一応3カ年としその資金も基本金とも約300万円程度とする。

このように、初期の案の中心であった研究の統合一本化は大幅に後退し、各企業の研究は自由にまかされている。最終の案は1940年（昭和15）12月3日の「合成繊維研究協会設立ニ関スル協議会」で審議、決定された。

12月3日の会議では、民間側設立委員として、鐘淵紡績、三井鉱山、大日本紡績、住友化学、東洋紡績、富士瓦斯紡績、日東紡績、東洋レーヨン、大日本セルロイド、満州電気化学工業の10社が選ばれ、12月11日、設立準備委員会を開き、次のように細部を決めた。

　①基本金は50万円

　②政府補助金は毎年30万円。

　③民間寄附金は約300万円。

　④設立までの一切の準備を専任理事吉田悌二郎（繊維局綿業課長）に委任。

　⑤基本金の50万円は設立委員10社が5万円宛拠出する。

との申し合せをした。

こうして1941年（昭和16）1月20日、設立許可申請書を東京府知事（川西実行）経由商工大臣（小林一三）に提出、同年1月28日、商工省指令一六繊第三四一号をもって財団法人日本合成繊維研究協会の設立が許可された。財団法人日本合成繊維研究協会の設立の事務は荒井氏が大阪の紡織雑誌社に務めた後、北浜の証券会社の調査部長をしていた奥田平氏を口説き落としその任にあたらせた。奥田氏の奔走によりこのように早期に協会の設立許

可が得られた。奥田氏は協会の初代事務局主事となり活躍した。

　この財団法人の経営は、政府補助金と民間寄附金によって賄われた。政府補助金は当初年間30万円が予定されていたが、だんだん削られ、設立時には年間10万円ということになった。しかし実際給付された16年3月には、さらに1割減らされ9万円になった。そして翌年からは、また減額されて8万円になった。

　寄附金は繊維、化学関係の会社が拠出した。商工省のお声がかりだから楽に集まったように思われるが、実際はそうではなく、荒井氏がずいぶん奔走した。大島亮次氏（当時日本油脂常務）などは奥田氏に「飛行機を寄附させられるよりはましだから出しましょう」と語ったという。大方の会社はそういう考えで寄附したと思うと奥田氏は述べている[2]。

　荒井氏の奔走にかかわらず、寄附金は最低予定額の300万円に達しなかった。そこで、商工省の吉田綿業課長は棉花輸入統制協会に話し、40万円出させ、ようやく300万ラインに達した。民間寄附金の内訳は次の通りであった。

△○	鐘淵紡績	400,000 円
△○	大日本紡績	400,000
△○	東洋紡績	200,000
△○	日東紡績	200,000
△○	大日本セルロイド	200,000
△	内海紡績	150,000
△○	三井鉱山	100,000
△○	住友化学	100,000
△○	富士紡績	100,000
△	帝国人絹	100,000
△○	東洋レーヨン	100,000
△	日本油脂	100,000
	東洋棉花	100,000
	日本曹達	70,000
△	日産化学	70,000
	日本窒素	70,000
△	日本化成	70,000
△○	満州電化	50,000
	倉敷絹織	50,000

味の素	30,000
棉花輸入統制協会	400,000
合　計	3,060,000

（注：△印は理事会社、◎印は設立準備委員会社、○印の10社は設立前に5万円ずつさきに出して、この50万円を定期預金して協会の基本財産とした）

　役員は、上記△印の会社より理事を出したほか、官庁側よりは下記の人々が理事に就任した。

理事長	小島新一	（商工次官）
副理事長	厚木勝基	（東大教授）
〃	喜多源逸	（京大教授）
〃	真島利行	（阪大教授）
専任理事	吉田悌二郎	（繊維局綿業課長）
常任理事	桜田一郎	（京大教授）
〃	呉祐吉	（阪大教授）
〃	星野敏雄	（東工大教授）

　また評議員には陸海軍および商工省の試験研究機関の長、寄附会社の社長が委嘱された。荒井氏が執行部に入っていないのは、荒井氏が富士紡の富士工場所への就任を嘱望され富士紡をすぐに退社することがむずかしかったからである。

　財団法人日本合成繊維研究協会の設立趣意書の抜萃は次のようなものであった[3]。

　最近海外ニ於テ、ナイロン、ヴィニヨン等ノ合成繊維ノ工業化ニ成功シ之等製品モ既ニ市場ニ販売セラルルニ至リタルトコロ、我ガ国ニ於イテハ未ダ之ガ工業化ニ成功シタルモノナキ状態ニ在リ。而シテ本事業ノ達成ハ経済的技術的ニ其ノ影響スルトコロ極メテ広汎ニシテ我ガ国繊維工業ノ世界市場ニ占ムル地位ニ鑑ミ速カニ之ガ確立ヲ企画セザルベカラズ。
　然ルニ之ガ為ニハ各方面ノ技術知識経験ヲ統合シテ其研究ニ当ルコトヲ要スルヲ以テ、学界実業界各方面ノ力ヲ合セ、之ガ中枢機関トシテ財団法人日本合成繊維研究協会ヲ設置シ以テ合成繊維ノ研究ニ当ルト共ニ、各研究機関ノ研究ノ緊密化ヲ図リ、之ガ企業化ヲ促進セント企図スル次第ナリ。

第四条　本会ハ合成繊維ニ関スル研究ヲ行ヒ我国ニ於ケル合成繊維工業ノ確立ヲ計ルヲ以テ目的トス

第五条　本会ハ前条ノ目的ヲ達成スルタメ左ノ事業ヲ行フ

一、合成繊維ノ研究

二、合成繊維研究ノ助成

三、合成繊維研究ノ連繋ノ緊密化並ニ研究ノ綜合

四、合成繊維研究結果ノ国策的見地ニ基ク企業化ノ促進

五、其ノ他前各項ノ目的ヲ達成スルニ必要ナル事項第2節　財団法人日本合成繊維研究協会の活動

第2節 財団法人日本合成繊維研究協会の活動

協会は初年度（昭和16年3月末まで）には次の事業を行った。

①各大学の既設研究設備を利用、また新たに200坪（大阪帝大150坪、京都帝大50坪）の実験室を建設して（資材入手難のため着工はおくれた）基礎的研究を行った。支出は研究費30,000円、建築80,000円、設備費15,000円。

②京都帝大化学研究所内にポリヴィニルアルコール系合成繊維（後出の「合成一号」）の中間工業試験を行うために150坪の試験工場の建設に着手した。支出は初年度建築費52,500円、初年度設備費110,000円。

③3月8日の第2回技術委員会で研究室の名称とその主任を次のとおり定め8分科会を設けた。分科会の世話役が幹事と称せられた。

名　称	所　在　地	主　任
高槻研究室	京都帝大化学研究所内	桜田一郎
大阪研究室	大阪帝大産業科学研究所内	呉　祐吉
本郷研究室	東京帝大工学部応用化学教室内	厚木勝基
大岡山研究室	東京工業大学内	星野敏雄
高槻中間試験工場	京都帝大化学研究所内	桜田一郎

第1分科会（ポリアミド系）	幹事	種村功太郎	（東レ）
第2分科会（ポリヴィニルアルコール系）	幹事	李　升基	（京大）
第3分科会（ハロゲン化ヴィニル系）	幹事	秋　三郎	（大工試）
第4分科会（其他ヴィニル系）	幹事	小田良平	（京大）
第5分科会（アクリル系）	幹事	神原　周	（東工大）
第6分科会（特殊化合物）	幹事	村橋俊介	（阪大）
第7分科会（紡糸）	幹事	中島　正	（東洋紡）
第8分科会（性能）	幹事	桜田一郎	（京大）

　以上にみるように、わずか2カ月にすぎなかった初年度ではあったが、研究の組織づくりや研究室への資料配分などが要領よく進められていった。これは、ほぼ一年にわたる設立の遅延の間にこれらの事前準備が行われていたからであった。

　しかし昭和16年度（第2年度、16年4月～17年3月）に入るや「前期ニ於テハ支那事変ノ進展ト欧州動乱ノ発展ニ伴ヒテ、日本ヲ繞ル国際経済関係亦波瀾ヲ極メ、繊維原料ノ輸入益々困難トナリ、更ニ後期ニ至リテハ遂ニ米英蘭撃滅ノ炬火、西太平洋ニ挙ガリ茲ニ軍民需衣料ノ確保、特殊軍需用工業用優秀繊維ノ創造ハ不可欠ノ要請」[4] となってきた。つまり、ナイロン出現の報にショックをうけた時期と、生糸輸出を循環の基底として位置づけてきた日本経済の構造それ自身に強制的な変化がもたらせられようとするこの時期とのちがい、つまり日米開戦以前のナイロン出現時の合成繊維研究とは違った条件が生じてきたのである。すなわち、生糸の競争品出現の対抗手段としての研究から、輸入益々困難となった原料繊維の代替品の研究、さらには特殊軍需用工業用優秀繊維ノ創造の研究に、焦点が移っていかざるを得ず、こうしてポリヴィニルアルコール系合成繊維ノ工業化を図るため中規模試験に努力を集中することになっていった。

　この高槻中間試験場は桜田一郎教授が主宰し、喜多源逸、桜田、李升基各氏の指導のもとに専属職員10名嘱託員6名を置き、協会および試験場はポリビニル系合成繊維、すなわちビニロンを昭和16年度中に日産50kg製造する予定であったが、設備の完成が遅れて実現せず、当年度中はもっぱら基礎的研究を行った。しかし予備操業は行われた。その第1回で20kg短繊維を、第2回の予備操業で220kgの短繊維を得、好結果をあげた。第2回予

備操業の短繊維は大日本紡績の宮川工場で梳毛糸、紡毛糸とし、サージ、ラシャ、靴下を作った。しかし中間試験設備は、ポリヴィニルアルコール（以下 PVA）の抽出乾燥機、ボビン紡糸機、熱処理機などが 1942 年（昭和 17）6 月末現在未納のため完成しなかった。なお、この中間試験場の建築 268 坪は 1941 年（昭和 16）5 月 2 日起工 ,1942 年（昭和 17）5 月 10 日竣工した（建築費 805,927 円）。

また、4 研究室のうち高槻は 1942 年（昭和 17）6 月 30 日竣工、大阪は 1942 年（昭和 17）6 月 25 日竣工、大岡山は 1942 年（昭和 17）6 月 30 日竣工して、6 月 29 日、大阪電気倶楽部で「協会研究所落成記念講演会」が真島利行（大阪帝国大学総長）の司会で行われた。

荒井氏はこれらの施設の竣工を見ることもなく、戦争への召集に応じ、1941 年（昭和 16）10 月に外地に赴いた。荒井氏が帰国したのは敗戦の年 1945 年の 9 月であった。

昭和 17 年度に入るや、PVA 系合成繊維の「原料問題ヲ討究スル為ノ醋酸ビニル委員会ヲ結成シ、右繊維工業化ヘノ隘路打開ノ方策ヲ講ズルト共ニ、高槻中間試験場ニ於テハ之ニ対応シ設備ノ大半整備シタルヲ以テ試運転ヲ開始スルニ至リタリ。然ルニ大東亜戦争ノ進展ニ伴ヒテ軍民各方面ニ於テ繊維資源ノ不足痛感セラルルニ随ヒ、該繊維ノ企業化ニ対スル要請勃然昂マリタルヲ以テ期央、合成一号工業化調査委員会ヲ設置シ以テ工業化ニ対スル具体的準備ト諸調査ヲ為スニ至リタル所、後期ニ入ルヤ戦争ノ相貌漸ク悽愴苛烈ヲ極メ工業化ニ要スル資材、原料ノ取得殆ド不可能トナリ、茲ニ右工業化問題ハ一頓挫シ、当年度内ニ於テハ之ヲ打開解決スル途ヲ猶ホ見出スニ至ラザリキ」5) という情況になった。

また高槻中間試験場に於ては日産 60kg の連続運転を為す計画をたてたが熱処理機が不調で修理の為、17 年度中には計画を遂行できなかった。戦局の悪化の影響をかなりひどく受けはじめてきたことが看取される。

18 年度に入っての高槻中間試験場は全工程の一貫的運転を行い、試製製品を関係方面に配布し特殊用途への具体的試験を依頼したところ既往繊維よりも優れた成績を収めたものもあり繊維工業化への要求が再び喚起されたが、戦局の悪化はますます工業化を絶望的なものにした。

第3節　財団法人日本合成繊維研究協会から
　　　　財団法人高分子化学協会への変貌

　戦争の激化、終末への接近とともに合成繊維なる名目では資金の獲得が困難となり、1944年（昭和19）財団法人高分子化学協会と変名し、軍需省化学局の主管に移行し軍用特殊資材および軍用衣料の生産に協力した。
　この設立趣意書によれば、「本会ノ研究成果ノ全テヲ挙ゲテ戦力増強ノ資ニ供セシメントスル要請、軍其他ヨリ熾烈ニ提起サルルニ至リ、茲ニ本会ハタダニ合成繊維ノミヲ事業対象トスルヲ許サレザル状態トナリタリ、即チ汎ク合成高分子物ニ関シテ或ハ原料ノ製造、或ハ単量体ノ重合、或ハ兵器材料ヘノ応用等ノ研究、喫緊ノ要務トナリタル」ためであった。そして寄附行為にも「会長ニハ軍需次官ヲ推戴ス」（第14条）と明記し、また「会長ハ本会ヲ代表シ会務ヲ総理ス」（第17条）として、理事会の上におき、その権限を強めた。これらの変更は1944年（昭和19）3月2日に許可された。
　昭和19年度に入るや、前述の寄附行為の変更に関連して技術委員会の8分科会を解消して、第1部会（高分子原料）、第2部会（重合）、第3部会（成型、紡糸、性能試験）とし、この下部機構として14の小委員会を設けた。
　以上の部会制による基礎研究組織の再編成と併行して、「研究成果ノ直接戦力化ヲ図ランガ為」に7つの特別委員会を設置した。
　各特別委の研究の結果、それぞれ耐油性PVA皮膜、強力「合成一号」、高透明度のポリビニルブチラールなど、みるべき成果をあげたが、本格的工業化は原料難のためいづれも実現されなかった。
　米軍による空襲の激化にともない、協会も被害を受け、事務局第1分室（杉並区永福町）は罹災し書類等全焼（昭和20年5月25日）、また岡山中間試験場も罹災全焼閉鎖（昭和20年7月19日）したため連絡機能も低下、もはやここに至っては開店休業も同然という状態で終戦を迎えたのであった。
　なお、高槻の中間工業試験は1944年（昭和19）3月まで、すなわち第1回の予備操業が始められた1942年（昭和17）2月からかぞえて2年2カ月行われて一応終了し、その間、日産1tの合成一号の生産工場設立も考えられ、設計図も完成したのだが、戦争状態の悪化と共に具体化せず、合成繊維工業

化の希望は終戦迄失われたのである。のみならず戦争末期には合成繊維よりも合成樹脂としての要求が大となり、事実上合成繊維の研究も一時中絶せざるを得なかった。

終戦とともに助成金は全廃され、民間会社よりの出資も不可能となり、かつ残金は封鎖され、わずかに高分子関係図書の出版により命脈をつなぎ、直属研究所、各学校等の研究所も維持不可能となり、それぞれ大学に寄贈されたが、被寄付者もこれを維持する費用なく受けるに困った。高槻のポリヴィニルアルコール繊維中間試験場は合成一号公社となった。そしてそれらの研究所にあった人員は大学の職員となり、あるいは民間にでた。

敗戦後帰国した荒井氏は富士紡を退社し、財団法人高分子化学協会再興のために奔走したが、戦犯容疑で巣鴨プリズンに投獄され、ついに1951年（昭和26）、協会は解散のやむなきにいたった。

1951年（昭和26）の末に、財団法人高分子化学協会は、社団法人高分子学会となり「新興高分子科学およびその応用の諸研究を迅速に推進するため研究者縦横の連絡を円滑化する組織をつくり、知識の交換を期する」研究連絡機関として再出発することとなった。

このようにして財団法人日本合成繊維研究協会は我国合成繊維産業確立のために設立された空前の財団法人組織であったが、戦後の混乱のなかに消滅し、社団法人高分子学会として再発足されたのであった。巣鴨プリズンを無事、無罪放免となった荒井氏は高分子学会の常務理事となり、この学会の発展に大きく寄与した。

かく膨大な資金と、我国各界の頭脳を動員して合成繊維産業確立のために努力がはらわれた例はそれ以前にはなかった。前節で述べたように高槻中間試験工場を筆頭に、この協会はおおくの成果をあげ得たが、これが創立当初の理想をもって、かつ時代とともにその機構をととのえ現在にいたるまで継続したならば、我国の合成繊維産業はいかなる姿を現在にあらわしていたであろうか。もとより我国の戦後の合成繊維産業は驚異的発展をとげたことは事実であるが、これにも増した成果をおさめ、きそって海外の技術を取得しようとする風潮はいちじるしく緩和されたのではなかろうか。

本章では財団法人日本合成繊維研究協会の設立からその変貌までを概観したが実はこの協会が設立される以前にも京都大学、鐘紡、倉敷絹織、東洋レー

ヨンなどでは合成繊維の研究をすすめていた。次章以下では、これらの大学や企業の研究の内容を探り、財団法人日本合成繊維研究協会との関係がどのようなものかを究明する。次章ではビニロンを研究していた京都大学の桜田グループ、鐘紡の矢沢将英氏及び倉敷絹織の各研究及びそれらと協会の関係を明らかにする。

文　献

1) 荒井勝子編『荒井溪吉遺稿　戦時追憶の記』、1987 年、34-35 頁。
2) 奥田平「合成繊維研究協会設立前後」、『化繊月報』、化繊月報刊行會、1968 年 10 月号、38 頁。
3) 『日本合成繊維研究協会年報 "合成繊維研究" 第一巻第二冊』、財団法人高分子化学協会事務局編、1944 年、798 頁。
4) 同上書、821 頁。
5) 『日本合成繊維研究協会昭和 17 年度第 3 回事業報告書』

第 5 章の執筆にあたっては次のものを全体として参考にした。
　　　荒井溪吉「高分子学会 10 年に思う――学会設立までの経緯と現実」、『高分子』、高分子学会編、1962 年 11 月号、72-732 頁。
　　　―――「日本における合成繊維研究開始のはじめ」、『化繊月報』、化繊月報刊行會、1968 年 10 月号、35-36 頁。
　　　奥田平「合成繊維研究協会設立前後」、『化繊月報』、化繊月報刊行會、1968 年 10 月号、37-40 頁。
　　　奥田平「回顧 20 年」、『高分子』、高分子学会編、1961 年 1 月号、17 及び 37 頁。
　　　桜田一郎『高分子化学とともに』、紀伊國屋書店、1969 年、108-110 頁。
　　　―――『繊維・放射線・高分子』、高分子化学刊行会、1961 年、214-217 頁。
　　　―――『化学の道草』、高分子刊行会、1979 年、203-205 頁。
　　　『日本化学繊維産業史』、日本化学繊維協会、1974 年、318-321 頁。

6 日本における合成繊維研究 ビニロン

第1節 京都大学の場合 ——財団法人日本化学繊維研究所の設立

　本章ではナイロンに対抗する合成繊維として日本で開発されたビニロンが、どのように研究されていったかを闡明する。草創期のビニロン研究には、京都大学の桜田一郎氏のグループによるものと鐘紡の矢沢将英氏のグループによるものの2つの系統がある。本節では桜田一郎氏のグループの研究を支援した財団法人日本化学繊維研究所の設立の過程を解明する。

　ステープル・ファイバーは、簡単にいえば、人造絹糸を製造の途中で短く切断し、綿状にして、これを紡績工程にかけ、木綿や羊毛と類似の目的に使う繊維である。このスフはドイツで第一次世界大戦中にはじめて製造されたが、評判は悪く、一時ほとんど姿を消したが、研究の結果 "Vistra" と呼ぶスフが生まれ、1928年（昭和3）ころ日本にも輸入され、これに刺激されて、試験的な生産が行なわれた。その後世界的な動きの影響を受けて、1933年（昭和8）ころから本格的なスフ製造工場が設立された。

　スフの製造や研究に、我国が特に力を入れだしたのは、1936年（昭和11）以降のことである。同年5月に、オーストラリアが関税引上げを実施したので、日本はその報復手段として「通商擁護法」を発動し、オーストラリアからの羊毛不買を決定し、アウタルキーの道へと進むことになった。さらに、翌年には日華事変が勃発した。当時、我国の繊維産業は軍需産業の前にその影をうすめつつはあったが、輸出においては繊維が第1位にあり、総額の6割を占め、輸入においても総額の約4割に達し、原料の大半を海外に仰がざるを得なかった。このような情況から、木綿、羊毛に代わるスフの急速な増

産が要請され、"国策繊維"と呼ばれたことも当然のなり行きであった。スフの生産高をみると 1934 年に 1,100t、35 年に 3,000t、36 年には 23,000t に急増している。

そのころ大阪の有名な織物商として、また輸出商としてよく知られている人物がいた。伊藤萬助氏である。伊藤氏は、スフが"羊毛代替繊維"と呼ばれながら、その性質が十分でないことを不満に思い、いかにすれば立派な化学繊維が得られるかなどについて、大日本紡績の役員の今村奇男氏に相談した。今村氏は、後の阪大の学長今村荒男氏と兄弟であり、また同郷の関係で桜田一郎教授の師である京大の喜多源逸教授とも親交があったので、伊藤氏、今村氏、喜多教授が協議し、その結果、伊藤氏が多額の金を京都大学に寄付し、1936 年（昭和 11）8 月 13 日、財団法人日本化学繊維研究所が設立された。この財団法人の研究所は、最初から独自の建物は持たず、事務所を京都大学内におき、理事長を京都大学の総長にあおぎ、主たる活動は、京都大学における化学繊維の研究を助成することにあった。

伊藤氏は、多額の寄付を行ったが、研究が順調に進行することを見守っただけであって、直接に自らは、財団に何を求めようともしなかった。

伊藤氏の寛容と、喜多教授の指導により、財団法人日本化学繊維研究所は順調に発展した。

当時、産業界から次の人達が役員になっている。

株式会社伊藤萬商店社長伊藤萬助、大日本紡績株式会社社長小寺源吾、東洋紡績株式会社専務種田健蔵、株式会社住友本社理事山本信夫、大日本紡績株式会社常務今村奇男、鐘淵紡績株式会社常務城戸季吉、日本化成株式会社専務野口寅之助、日本レイヨン株式会社社長菊池文吾、旭ベンベルグ株式会社常務堀朋近[1]。

この研究所の生まれた背景には前述のごとくオーストラリアからの羊毛の輸入禁止措置によるスフの増産及びスフの性質向上の目的があったが、その後の経過をみると、このような財団法人は産学協同の 1 つの形態であろう。研究の自由はまったく制限されず、希望すれば、実際問題と結びついた適切な助言と助力が得られる。また大学の側からは、業界の人々の質問に応じ直接に基礎的知識を供給し、大学側に興味があれば研究を指導し、協力することも可能である。ただしこの財団法人日本化学繊維研究所は財団法人日本合

成繊維研究協会とは異なり、京都大学のみを援助するものであり、産学協同機関のはじめのものである。この形態がさらに発展して東大、東京工大、阪大を加えて、さらに官立の研究所、試験所及び民間企業の研究施設が加わって全日本体制となったものが財団法人日本合成繊維研究協会といえるであろう。

ところで興味あることには、この京都大学の財団法人日本化学繊維研究所は1980年代以降現在も行われているテクノ・パーク構想の母型といえることである。1980年3月に発表された『80年代の通商産業政策ビジョン』では次のように述べている。

「テクノポリス（技術集積都市）とは、電子・機械等の技術先端部門を中心とした産業部門とアカデミー部門、さらには居住部門を同一地域内で有機的に結合したものである」[2]。当時の技術先端部門は化学繊維であり、生産する企業群である。アカデミー部門が京大であり居住部門が関西圏である。そしてこれらを有機的に結合させる役割をになうのが財団法人日本化学繊維研究所である。このように考えると、財団法人日本化学繊維研究所は当時の通商産業政策ビジョンと一致している。しかもこれが当時の通商産業省に相当する商工省主導ではなく、民間レベルで行われたところに日本産業の先見性、独創性があるといえよう。

このテクノポリス構想は、アメリカのシリコンバレーを念頭に考えられたことが1980年7月の大平総理の政策研究会報告書[3]によってわかる。このシリコンバレーとは、サンフランシスコ南方のスタンフォード大学を中心にした一帯をさし、半導体、コンピューター等のエレクトロニクスのベンチャー産業が密集している地域である。この地域の企業はスタンフォード大学の各分野の専門家のアドバイスをもらい、また大学に資金提供している。つまり強力な産学協同体制ができあがっていることで有名な地域である。このスタンフォード大学と企業の産学協同体制が始まったのは、1930年代であり、特にスタンフォード大学出身のヒューレットとパッカードが1938年（昭和13）に起こした電子計測器メーカーのヒューレット・パッカード社とスタンフォード大学の産学協同体制がシリコンバレーの始まりといわれている[4]。

京大を中心とする財団法人日本化学繊維研究所の設立が1936年（昭和11）、スタンフォード大学を中心とする産学協同体制が1938年（昭和13）

であり、奇しくもほぼ同じ年代であるのは偶然の一致ではなく、世界的な経済の流れから、大学と企業の求める産学協同体制が国境を越えて一致するのは当然のことかもしれない。

ただ注意しなければならないのは、この段階においては日米ともに官の介入がないことであり、官の介入つまり資金提供や全体の統括を官が行うのは、日本では1941年（昭和16）設立の財団法人日本合成繊維研究協会が設立されてからということである。

第2節　ビニロン研究　——桜田一郎氏の場合

1930年代の半ばごろは、各国でアウタルキーの思想が盛んであった。いわゆる持たない国のドイツ、イタリア、日本は繊維資源をも持たなかった。これらの国では、まずレーヨンの原料である木材に代わるセルロース資源が問題になり、ドイツでは、砂糖ダイコンの抽出かすや、ジャガイモの葉や茎が研究され、イタリアではアルンドドナックスというヨシがとり上げられ、日本でも、もみがらや米わらを原料にレーヨンを製造しようという計画が準備された。

繊維原料として問題になった天然高分子化合物はたんにセルロースのみではなかった。1935年、イタリーではフェレッティ（A. Ferretti）が牛乳カゼインを原料に、人造羊毛ラニタール（Lanital）をつくった。日本ではこれに刺激されて、大豆タンパク質を原料とする人造繊維の研究が盛んになり、後に小規模の工業化をみた。そのほかドイツでは、エビやカニのキチンを原料とする繊維の製造が、また日本ではコンブのアルギン酸、鯨肉、魚肉などを原料とすることが研究された。

京都帝大の桜田教授のグループも塚原厳氏を中心に合成高分子を原料とする人造繊維の研究を行なうことになった。1937年（昭和12）後半であった。研究室にあったポリスチレン、ポリ酢酸ビニルのほかに、ポリメタクリル酸メチルを原料にした。ポリメタクリル酸メチルは、有機ガラスとして当時すでに国産品があった。紡糸機は、そのころ酢酸セルロースの乾式紡糸の実験を盛んに行なっていたので、それを転用した。ポリ酢酸ビニルとポリメタク

リル酸メチルの混合紡糸も行われた。繊維にすることはいずれも容易であったが、あまり強度の高い繊維は得られなかった。

1938年（昭和13）ニューヨークのヘラルド・トリビューン会館で、デュポン社の副社長スタイン（Stine）は、はじめてナイロンに関し公の発表を行ない、宣伝を開始した。合成繊維であるナイロンの出現によって、財団法人日本化学繊維研究所でも本気にこれを取り上げなければならないということになり、喜多教授を中心に分担がきめられた。そして、後述するが、小田良平教授のグループがナイロンの研究を、桜田教授のグループが従来にひきつづいてビニル系統の合成繊維の研究を行なうことになった。そして李升基氏、岡村誠三氏がこれに加わり、李氏が紡糸を中心とする研究を、卒業して間もない岡村氏が重合反応の研究に着手した。

ビニル系統の合成繊維の研究を行なうとしても、当時知られていたドイツのペー・ツェー繊維や、米国のビニヨンのような塩化ビニル系の合成繊維は、それほど有望に思われず、また塚原氏のつくったポリスチレン、ポリ酢酸ビニル、ポリメタクリル酸メチルも繊維としての性能が悪かった。既に李氏が、ポリ酢酸ビニルの均一系におけるケン化機構の研究をやっていたのでこれを完全にケン化すればポリヴィニルアルコールになることがわかっていた。ポリヴィニルアルコールは、セルロースと同じように多数の水酸基をもった高分子である。水酸基は、お互い水素結合する。したがって強い繊維を与えるであろうという予測のもと、ポリヴィニルアルコールが取り上げられた。

ここでポリヴィニルアルコールについてその歴史をみておく。これは、ドイツのヘルマン（Willy O. Herrmann）が1924年（大正13年）にポリ酢酸ビニルを研究していたときに、これを分解するためにアルカリ液を加えたときに偶然に生成したものである。

$$[-CH_2-CH(OCOCH_3)-]_n + nNaOH \rightarrow [-CH_2-CH(OH)-]_n + nCH_3COONa$$

　　　ポリ酢酸ビニル　　　　　　　　　　　　ポリヴィニルアルコール

ポリヴィニルアルコールはエタノールには溶けないが水には溶ける性質がある。第1章第3節で述べた高分子論争において、1926年のドイツ自然科

学者医学者協会のデュッセルドルフ学会でシュタウディンガーは高分子会合物の存在証拠としてこのポリヴィニルアルコールをとりあげている。つまり有機溶媒に可溶性のポリ酢酸ビニル、したがって疎水性コロイドは、ケン化により親水性コロイドである水溶性ポリヴィニルアルコールに変化し、さらにポリヴィニルアルコールはアセチル化により疎水性コロイドであるポリ酢酸ビニルに再び戻すことができる。これらの物質のコロイド的性質は化学反応の前後で保持されている。この事実はこの重合体の巨大分子構造に対する証拠であるというのである。ヘルマンがとったポリヴィニルアルコールの応用の特許としては次のようなものがある。

研磨布紙、接着箔、塗装剤、油を含まぬ地塗剤、靴の先の処理剤、石膏の結合剤、舗装剤、保護コロイドとしての添加剤、湯垢の防止、フィルムの帯電防止、インクや水彩絵具の添加剤、アイスクリーム・パン・菓子への添加剤、織物の糊付け、医薬品の担体、安全ガラス（中間膜にする）、石けん・クリーム・髪の定着仕上げ剤の添加剤等[5]。

ポリヴィニルアルコールから繊維をつくる特許（ドイツ特許 DRP685048）はヘルマンが 1931 年に取得している。しかし、ポリヴィニルアルコールは水溶性であるので一般の繊維への応用は難しかった。このポリヴィニルアルコールを染色性のよい繊維にしようというのが桜田氏のねらいであったわけである。原料的にみても、ポリヴィニルアルコールのもとのポリ酢酸ビニルは、アセチレンと酢酸からつくられるが、アセチレンも酢酸も石炭からつくられるので、資源がない日本の産業としては都合がよかったわけである。

$$HC \equiv CH + CH_3COOH \rightarrow H_2C = CH(OCOCH_3)$$
アセチレン　　　　酢　酸　　　　　　　　酢酸ビニル

$$nH_2C = CH(OCOCH_3) \rightarrow \left[H_2C - CH(OCOCH_3) \right]_n$$
酢酸ビニル　　　　　　　　ポリ酢酸ビニル

話を桜田氏等の研究に戻すと、ポリヴィニルアルコールそのままでは繊維にならず、ナイロンは染めにくいのが欠点の1つであるから、酸性染料の染色中心になるアミノ基をいれればよいということで、ポリヴィニルアルコー

ルからポリビニルアミンを合成する研究に着手した。桜田氏はカーラー（P. Karrer）の研究を追試してセルロース・アミンの合成の研究を行なった経験があったのでこのような方向が選ばれたのである。

ポリヴィニルアルコールを一部パラトルエンスルホン酸のエステルに変え、それにアンモニアかアミンを作用させて、アミノ化しようというわけであるが、李氏たちがやってみても予想どおりにはいかなかった。財団法人日本化学繊維研究所の講演会は10月初旬に開催される。それまでに何とか目鼻をつけたいというのが、当時の桜田氏等の考えであった。

ポリビニルアミンの合成に3カ月無駄足をふみ、いそがねばならず、アミノ化をやめて、ポリヴィニルアルコール自身から繊維をつくることに方針がかえられた。ポリヴィニルアルコールは水に溶けるから、そのままでは紡織繊維として価値はないが、繊維さえできれば何とか水に溶けないようにする工夫は生まれるであろうというのが桜田氏の考えであった。岡村氏が、この直前に大豆タンパク質の人造繊維の研究を行なっており、タンパク質をアルカリ水溶液に溶かして、紡糸して繊維をつくり、それにホルマリンを作用させると、水に不溶性になるので、同様の処理が行なえるであろう、という見当もあったようである。

ポリヴィニルアルコールを水に溶かし、その溶液から繊維をつくることは、ビスコースの研究を行なっていた隅田武彦助教授のもとで行われ、その装置や凝固浴がそのまま使われた。

つづいて、予定どおりホルムアルデヒドの水溶液による硬化処理（水不溶化処理。ホルマール化という）が行われたが、なかなかうまく行かなかった。ポリヴィニルアルコールは本来水溶性であり、繊維にしても、それは形が変化しただけで、化学反応は何も起っていないから、紡糸した繊維は水に溶ける。水に凝固浴と同じように芒硝（硫酸ナトリウム十水和物）を溶かし、溶解を防ぎながらホルムアルデヒドで硬化しようというわけである。繊維は収縮膠化してうまく硬化しない。李氏たちは、試行錯誤を繰り返しながら、ある程度うまく硬化することに成功した。すなわち、ホルムアルデヒドによる硬化処理を緩い条件からはじめて、三段で処理を完了して硬化する方法である程度成功した。

このような結果が得られたのは、財団法人日本化学繊維研究所の講演会の

半月ほど前であり、塚原氏のポリスチレン繊維などの研究を、「合成繊維に関する研究」第一報とし、李氏らのポリヴィニルアルコール繊維の研究を同第二報として発表されることになった。これをききつけてやってきた新聞記者にこの繊維の名を聞かれた桜田氏は「合成一号」と命名した。翌日、1939年（昭和14）9月29日付の朝刊各紙はこれを大きく伝えている。例えば朝日新聞では、

「ナイロン顔負け！ 戦時下『新繊維』に凱歌！ 半島出身者が発明」

という具合である。ここでいう半島出身者とは李升基氏のことである。桜田氏は日紡の今村奇男氏から特許出願の助言を受け、大学の事務室をわずらわして直接に特許を出願した。

この出願は10月2日に受理され、講演会は4日に開催された。これに対して鐘紡から異議申立てがあったが、桜田氏の主張が通り、特許は許可され、特許番号14798号となった。これに対して、その後鐘紡から無効審判が請求され、戦後、昭和21年の春、特許局から、特許14798号は無効と認める旨の連絡があったが、桜田氏がこの通知を受けとったときには、反論期限を1カ月半も過ぎていた。その間にいくつかの重要な特許も確立しており、桜田氏は14798号にはたいした執着もなかったので、そのままこの特許は無効になった。

合成一号は、大きい反響を呼んだ。桜田氏によると、普通の紡織繊維として考えた場合、強度、伸度などは優秀であり、また乾燥している時には、ナイロンよりは多少劣るが、ナイロンと相前後してドイツで工業化されたペー・ツェー繊維、アメリカのビニヨンなどのポリ塩化ビニル系合成繊維と比べると熱、軟化温度はかなり高い。しかし合成一号には大きい難点があった。それは水で湿潤すると軟化温度が低下し、50〜60℃に下ってしまうことである。100℃近くの水中では、ゴムのようになり、4倍近くも可逆的に伸び縮みする。それでは一般用途の繊維として不適当である。

1939年（昭和14）の秋から1940年（昭和15）の夏にかけては、PVA（ポリヴィニルアルコールの略記号）繊維の水中での熱による軟化温度（以下簡単に水中軟化点と呼ぶ）を向上させるのに研究を集中した。まず最初に取り上げられたのはセルロースとの混合紡糸である。セルロースを、ビスコース溶液にして、これとPVAの水溶液をよく混合すると、両者は、本質的には

相溶性は持っていないが、外観上均一な溶液をつくることができる。紡糸することも可能である。水中軟化点も向上するがたいしてよい結果は得られなかった。その時、桜田研究室の淵野桂六氏が中心で行なった、結晶水を含有したセルロース、すなわち水セルロースの発見が思いおこされた。

水セルロースは、セルロースを NaOH の水溶液に浸漬すると得られるアルカリセルロースを低温の水で分解してセルロースにもどし、次にこれを低温で乾燥すると容易に得られる。室温で乾燥するだけでもよい。また室温以下の温度では安定である。水セルロースは内部に結晶水を含有している。しかし、分解、水洗、乾燥などを室温以上で行なうと、普通に知られているセルロースⅡと呼ぶ変態になってしまう。これは結晶水を持っていない。この経験から考えられたことは、紡糸後乾燥した PVA は——乾燥は水による軟化を防ぐために原則的に比較的低温で行なわれている——水セルロースに近い状態にあり、結晶性は示すが、結晶格子内に多かれ少なかれ水を抱有しており、結晶性も充分でなく、したがって耐熱水性も悪い。これを一度高温で処理したならば、すなわち熱処理すればセルロースⅡに近い状態になり耐熱水性は高くなるはずである。予想は的中し実験の結果は素晴らしかった。

PVA 繊維を 130～210℃ の温度の空気中で熱処理した後でホルマール化反応を行なうと、反応時に繊維の収縮膠着などの心配は全くなく、反応は円滑に進行した。

熱処理温度が高ければ高いほど熱水（45～95℃）中の収縮率は減少する。たとえば、95℃ の熱水の場合、130℃ で熱処理したものは、70％ も収縮するが、210℃ で処理した繊維の収縮は 1～2％ に過ぎない。沸騰水中でもこれと大差なく、立派に繊維としての性能を示す。この結果は 1940 年 6 月に発表された。そしてこの新しい"合成一号"を"合成一号 B"、熱処理をしていないものは"合成一号 A"と呼ばれた。耐熱水性の改良は、結晶化度の向上、面間隔の縮小にもとづくものであることが、その後の実験で証明された。

これで、基礎研究は終ったわけではなかった。難点は熱処理によって繊維が褐色に着色してくることであった。温度が 180℃ までは白色であるが、190℃ になると幾分着色し、210℃ では着色が著しい。これでは普通の用途に対して不適当である。着色の防止を考えねばならない。次の一年間 1940 年（昭

和15）秋～1941年（昭和16）秋は、その研究に捧げられ李升基氏の考えに基づいて進められた。

　着色はPVAの軽度の酸化分解によって起こると考えられる。それを避けるためには熱処理温度を下げればよいわけであるが、温度を下げれば熱処理効果は十分には出ない。加熱媒体として空気の代りに窒素、水素、炭酸ガスを使えばよいかも知れないが、実際的でない。酸化防止剤の添加も考えられるが、酸化機構を考えて見ると、有機化合物、特にアルコール類の空気酸化に対しては、アルカリが接触的に作用すると考えられる。PVAはポリ酢酸ビニルのアルカリによるけん化でつくられており、PVAは水溶性であるために、このアルカリを水洗などで十分に除くことは困難である。したがって原料のPVAはアルカリを不純物として含有している。それが酸化促進の原因になっていると考えられる。そこで繊維が幾分酸性になるような条件で紡糸し、それを熱処理しようと考えられた。PVAはセルロースと異なり酸には高温でも安定なはずである。これを確かめるために桜田氏等はPVAの紡糸原液のpHを変えて実験を行った結果、pHが酸性になるにつれて着色が抑えられ、見事に見事に原因の仮説が証明された。

　このように理由がわかれば、何も原液のpHを変更しなくても紡糸浴のそれを変更しても、熱処理前に、簡単な処理を加えてもよいわけである。強酸を添加して酸性を呈する溶液を取り扱うことは危険であり、工業的には避けた方がよいので、硫酸の代りに硫酸マグネシウムや、硫酸亜鉛などを使っても同様の効果が導き出された。これは加水分解による酸性効果のためである。この結果は1941年（昭和16）10月14日、財団法人日本化学繊維研究所の講演会で報告された。しかし不幸なことにはこの年の12月8日には太平洋戦争に突入していくことになる。

　前章で述べたように、1941年（昭和16）1月に、財団法人日本合成繊維研究協会が設立され、東大、東京工大、阪大および京大に研究室が設けられることになり、京大では、高槻の化学研究所内に研究室と、合成一号の中間試験場ができた。つまり桜田グループの研究がそのまま財団法人日本合成繊維研究協会にひきつがれ、その資金によって中間試験場までつくることができたということである。

　高槻の中間試験場が、戦時下に設備をととのえ、第1回の予備操業ができ

たのは1942年2月であり、第2回のそれは同年5月末から6月11日までであった。昼夜連続して三交代で装置が運転された。これらの予備操業で基礎研究では気がつかれなかった種々の問題が生じたが、それも解決することができて翌43年2月15日から3月16日まで昼夜連続運転を行ない、合計850kgの繊維をつくることができた。これらの操業には当然のことであるが多数の人達が参加したが実際上の指導者は李升基氏であり川上博氏がこれを助けた。桜田氏の喜びの1つは、小規模の紡糸で、何グラムかの繊維を造り、その単繊維で試験した結果から、布になって実用化された時の性能をかなり的確に予測できるということが証明されたことであったという。

　倉敷レイヨン、大日本紡績、東洋紡績、日本レーヨンの4社から、中間試験場へ、技術者が派遣されて、業務に従事した。そして日産1tプラントの計画として「羊毛様合成一号製造工場計画書」がつくられた。この書類が完成したのは1942年（昭和17）9月30日であった。

　この計画書は、戦後各社の工業化に際し、基礎としてまた参考として大いに貢献した。今日ビニロンを工業化している会社は、クラレ、ユニチカ、ニチビであり、中国、朝鮮民主主義人民共和国、韓国などでも活発に生産されている。

　合成繊維にかぎらず、化学のいろいろの分野では、立派な研究や発明が数多くなされている。しかし、それが本当の工業にまで成長するものが少ないのは、中間試験まで行なうことができないことによるものが多いと考えられる。なぜならば、実験室段階で生成物が得られたとしても、これを中間規模で製造するとなれば、大きな設備と予算が必要で大学の一研究室では到底手におえないからである。また企業にしても大学で新たに生成、発明されたものであっても、工業化して採算が合うかどうかを見極めるのが難しく、慎重にならざるを得ないという事情がある。しかし桜田氏等はこの点において非常に恵まれていたといえる。財団法人日本化学繊維研究所から潤沢な基礎研究資金を得るとともに、財団法人日本合成繊維研究協会による官民あげての資金によって大規模な中間試験工場までもが実行できたからである。「ナイロン発表ショック」による荒井渓吉氏の努力がここに見事に結実したといえる。そして戦後の「高分子化学大国日本」の礎（いしずえ）は、財団法人日本合成繊維研究協会の高槻中間試験場で桜田一郎氏のもとにおいて礎かれた

といえよう。

第3節　ビニロン研究 ――鐘紡　矢沢将英氏の場合

　デュポンによるナイロンの発表が、生糸の大手である鐘淵紡績(以下、鐘紡)にも少なからざるインパクトを与えたことは推察にかたくない。1938年(昭和13)11月頃鐘紡本社がニューヨーク駐在員からナイロン見本を入手し、津田信吾社長は、この見本を関係者に分与して、その反響をさぐると同時に、武藤理化学研究所を中心に合成繊維研究へのアプローチを命じた。武藤理化学研究所とは鐘紡の先代社長の武藤山治（さんじ）氏が創設した鐘紡の研究所である。

　さて、鐘紡は古く1923年（大正12）より、精練した屑マユならびに絹紡の屑糸を溶解して人絹のように紡糸し、均一な繊度の絹糸の再生の実現に努力してきた。同社ではこれを「更生絹糸」とよんでいた。中間プラント（最高は日産3t）で長・短繊維を製造、長繊維からはサテン地や緞通を製織、米国などに輸出して好評を博するなど、かなりの実績をあげたが、原料の不足により、1939年（昭和14）12月中止したといういきさつをもっている。

　1931年（昭和6）に東大工学部を卒業し、同年に鐘紡に入社した矢沢将英氏は兵庫工場内にあった更生絹糸の研究室に配属された。フィブロインの硝酸マグネシウム溶液を透析法で除塩すればフィブロインの水溶液となり、これを硫安（硫酸アンモニウム）の紡糸浴中に紡糸して凝固・延伸すればフィブロインの糸が得られる。しかしながら、緊張紡糸してボビンに巻きとった糸は水洗、乾燥したものは縮まないが、ぬれたままでボビンから取りはずすとゴムのように縮んでしまう。ところがボビンに巻きとられた糸を水洗・乾燥するには固くしまっているので、水洗だけでも1週間から10日もかかって、これでは工業化はもとより不可能である。そこで矢沢氏はボビンに巻いたまま、沸騰水中で約30分処理すると、ぬれたままでも糸が縮まない、という事実を見出した。この収縮防止の知見がその後ビニロン（鐘紡の商標はカネビアン）の湿式熱処理法の発明につながっていった。したがって、鐘紡の更生絹糸研究はカネビアン研究の文字通りの前奏曲として逸することのでき

ない過程であった。

　1939年（昭和14）1月20日、日本合成化学工業という会社が酢酸ビニルや塩化ビニルの工業化に成功したが、日本合成化学工業と鐘紡との間で話がすすみ、鐘紡が日本合成の株の7割をもつ契約が成された。

　そこで矢沢氏が淀川工場の研究所から武藤理化学研究所へ転勤して、合成繊維の研究をやるという話が1939年（昭和14）4月に決まった。

　矢沢氏によると、淀川工場にいるうち、ナイロンの情報が伝わってきたので、ベンゼンの硝酸酸化でアジピン酸をつくることを行った。ところがベンゼンはコールタールの中に何パーセントもなく、また日本のベンゼンの生産量もたいしたことはないので原料源として不安である。したがって豊富なカーバイドを原料にするビニル化合物に転換することになったという。武藤理化学研究所での研究の結果、矢沢氏らは、1939年（昭和14）12月8日PVA繊維の特許を出願した。これは京大がPVA繊維にだした前節で述べた特許に遅れること3カ月のものであったが、京大側にはない熱処理についてのものであった。

　鐘紡側の特許のポイントを抜粋すると次のようになる。

　「……緊張防止せる糸巻き、枠上の繊維または帯状糸束またはポットに加撚して巻取りたる繊維を、緊張状態において摂氏50℃以上の適宜温度において、凝固剤たとえば硫酸アンモン、芒硝、食塩、塩化アンモンなどの適当濃厚溶液中に数十分ないし数時間加熱するときは、緊張を去るも繊維の収縮ほとんどなく、一種のPVAの分子配列が固定されたるごとき現象を認めたり、しこうして、この加熱処理後の繊維はつづいて前記のごとく、加熱アセタール化（ホルマール化と同じ）するも繊維の収縮、捲縮することなく、所期の強力大にして耐熱水度高きPVA繊維を得るものなり」。

　つまり、鐘紡特許は①50℃以上の加熱でよいこと、②その加熱を凝固浴中でおこなうこと、③熱処理をアセタール化の前におこなうこと、が大きな特徴であった。

　これに反して、6カ月以上おくれて出願された(1940年（昭和15)6月12日)熱処理についての京大側特許（特許権者は財団法人日本化学繊維研究所）には、次のように書かれている。「PVA系合成繊維……を紡出後水洗することなく、そのまま乾燥しガス体中もしくは有機液体中または減圧下において、

第6章　日本における合成繊維研究　ビニロン　　101

摂氏130℃以上、該繊維の軟化点以下に加熱することを特徴とする」とあり、さらに「本発明の方法はアセタール化の予備処理にあらず。アセタール化の予備処理ならば摂氏100℃以下のごとき低温にて足るといえども、本発明の方法における加熱はこれと全然その意義を異にするもの」とある。そして「前記高温に加熱すれば足り、アセタール化を必要とせざるものなり」とまで言い切っている。

つまり京大側特許は、①ガス体もしくは有機液体中または減圧下で熱処理をする、②温度は130℃以上、軟化点（約250℃）以下、③アセタール化は必ずしも必要でない、ということが特徴である。これは先願の鐘紡特許をうまく避け、その避けたところを強調したものであった。

PVAを硫安の紡糸浴中に引きだして糸にすると縮んでしまう。またボビンに巻いたままでホルマリンの液に入れてアセタール化すると、これもちぢんでボビンに巻きとられた糸が固く締ってしまう。矢沢氏によると、ここで、更生絹糸のときに沸騰水で煮たら「糸の凝固が完成した」という経験を思い出したという。ところがPVAは水に溶けるから、更生絹糸と同じに水中で煮沸するわけにはいかないので、それなら硫安(硫酸アンモニウム)や芒硝(硫酸ナトリウム十水和物)の飽和溶液の中で煮沸したら縮まなくなるだろうと矢沢氏は推定した。そしてこれを実行に移して見事に成功した。

硫安を紡糸浴（凝固浴）に使ったのは更生絹糸以来の伝統であり、凝固浴としては芒硝よりもすぐれていた。硫安でやったことが、耐熱性の高いPVA繊維、つまり145℃から150℃の熱に耐える糸に結実した。芒硝では135℃以上になると膠着してだめであった。

1940年（昭和15）1月鐘紡はこの耐水性ポリヴィニルアルコールを「カネビアン」の商標を付して発表した。京大の「合成一号」に遅れること3カ月であった。しかし鐘紡はすでに耐熱・耐水処理を施しており、この意味からは京大に一歩先んじていたと考えられる。京大の「合成一号B」の発表は「カネビアン」の発表に遅れること5カ月であった。後に鐘紡の方法は「湿熱処理法」略して「湿熱法」、京大の方法は「乾熱処理法」略して「乾熱法」とよばれた。

鐘紡の湿熱法と合成一号の乾熱法との優劣はともかく、鐘紡は紡糸原液を約70℃に保つことによる凝固・析出の防止にも成功し、さらには更生絹糸

の凝固浴、紡糸機、撚糸機などの転用もできたことから、日産500〜1,000 kgの中間工場の設立を計画、1940年1月資金調整法の許可申請を出し、3月許可された。

こうして、1940年（昭和15）12月に国家総動員法による研究命令が出たのを転機として、当時原料難の淀川更生絹糸工場を休止して、同工場を改変してカネビアン工場とし、1941年（昭和16）末を以て一応工場は完成、直ちに運転開始し、貯蔵してあった樹脂を以て、月産2〜3t位の生産を3〜4カ月位続けたが、日本合成化学工業の樹脂の増産が予定額に達せずそれ以降は非連続的の試験生産（月産1t位）の域を脱し得ない現状となった。元鐘紡常務の中本実氏によれば、1943年（昭和18）にカネビアンの防寒シャツ、靴下、手袋各800着が満州の野に駐屯する軍に配給され、その性能がテストされ、その結果は好成績だったという[6]。

しかし戦局が進むにつれて、繊維は平和産業ということで、軍用必需品以外は研究を打ち切らなければならないという情勢になり、PVAのフィルムをつくることになった。これは南方の占領地域でゴムの袋をつくり、その中に石油を入れ、じゅずつなぎにして船でひっぱってくる、という構想が軍で立てられたことによる。つまりこれによりゴムと石油とをいっしょに内地にはこんでくることができ、輸送船も非常に節約できるからである。ところがゴムは石油にとけてしまうから、ゴムの内側に耐油性フィルムを入れなければならない。この材料にPVAのフィルムを使おうというものであった。実際に実験が行われ、大阪から和歌山まで25m^{3}のPVAの袋をつくり、それをゴムでカバーして、ガソリンを運ぶ実験が行われた。1943年3月のことであった。

実験は成功し、鐘紡には和歌山まで海上を運ばれたガソリンが与えられたが、戦局が悪化したので実行されるまでには到らなかった。

カネビアンについては、戦後淀川工場を日産2t（1951年（昭和26）12月）までに育てながら、技術面及び採算面の壁に阻まれて、ついに1954年（昭和29）工業生産が中止された。鐘紡はこの後ポリアクリロニトリル系合成繊維の開発に力を注いだ。

ここで我々が気づくことは、財団法人日本合成繊維研究協会が高槻に中間試験場を建設して「合成一号」の予備操業を行ったのが1942年（昭和17）

の 2 月であったが、鐘紡ではすでに 1941 年（昭和 16）末に中間工場をつくり操業していたことである。つまりポリビニル系繊維の研究は必ずしも財団法人日本合成繊維研究協会に一本化されていなかったわけである。企業は個別の営利団体であり、研究・開発の一本化がいかに困難であるかがよくわかる例である。また、前章で述べたように高槻中間試験場に参加し、社員を派遣していた企業は、倉敷レイヨン、大日本紡績、東洋紡績、日本レーヨンであり、鐘紡が参加していないことは、鐘紡がポリヴィニルアルコール繊維を独自にすすめていたからだと理解できる。しかし鐘紡が協会に多額の基金と毎年の出資金を出していることは、ナイロン出現の危機感と戦争の悪化による挙国一致的状況を差し引いたとしても、鐘紡自身、協会にポリヴィニルアルコール繊維の新技術や他の合成繊維の開発を期待する面もあったであろうと考えられる。しかし、特許関係には企業は非常にシビアであり、京大の桜田一郎教授のポリヴィニルアルコール繊維の最初の特許（特許申請は財団法人日本化学繊維研究所）に異議申し立てをしたのは鐘紡であった。また、熱処理の特許では逆に京大側が鐘紡に異議申し立てをしている。この鐘紡のケースをみることで我々は財団法人日本合成繊維研究協会がゆるやかな大学・企業の連合体であり、企業は独自にも研究をすすめていたことがよくわかった。

第 4 節　倉敷絹織の場合

　倉敷絹織は 1935 年（昭和 10）10 月よりレーヨンにつづく新しい繊維を求めて基礎調査を行った結果、1938 年（昭和 13）4 月に原料面その他、我国の実情から見て、カーバイドよりのアセチレン誘導体ビニル系の合成繊維が有望であることを認め、その方向に調査研究をすすめていた。

　桜田氏によると最初の「合成一号」が発表された 1939 年（昭和 14）10 月 4 日の翌日に倉敷絹織の社員になっていた同期生の中村道雄氏が研究室へ訪ねてきて、倉敷絹織でもこの方面の研究に多大の関心があり将来工業化する希望をもっている旨を伝えたという[7]。同社は同年 12 月にカーバイドよりポリヴィニルアルコール繊維までの一貫的製造技術確立の研究を開始した。

1940年（昭和15）10月、岡山工場内研究所にポリヴィニルアルコール及び繊維10kgの中間試験設備を設置し、研究を推進した。1942年（昭和17）10月、岡山工場内の研究所にてポリヴィニルアルコール系合成繊維の基礎的技術に関する研究を完了し、直ちに日産200kgの工業化試験工場の建設に着手した。この工場は翌年の1943年（昭和18）12月に完成した。この工場は、1941年（昭和17）の12月に完成し操業を開始した日産500kgの鐘紡淀川工場の中間試験設備及び1942年（昭和17）2月に操業を開始した京大を中心とする財団法人日本合成繊維研究協会の日産50kgの中間試験設備につぐものであった。

　これらの研究の中心になったのは、友成九十九（つくも）氏である。友成氏はベルリン・ダーレムのカイザー・ヴィルヘルム化学研究所（現在はベルリン大学の一部）のヘッス教授のもとに留学したときに、桜田一郎氏もここに留学しており、ここで友成氏と桜田氏は親交を結ぶようになった。したがって、桜田氏が指揮する高槻中間試験場には倉敷絹織から友成氏の配下の社員が派遣されており、倉敷絹織の方法は、京大方式の乾熱方式である。倉敷絹織は1945年（昭和20）に名称を倉敷航空化工に変更した（敗戦後にもとにもどしている）。

　しかしながら、1945年（昭和20）6月、岡山工場内の試験場は空襲により全焼し、戦時中の技術蓄積はすべて戦後の再建に引きつがれ、再発展していった。

　倉敷絹織は鐘紡とは異なり、財団法人日本合成繊維研究協会の研究・技術を自社にとりこんでいったといえる。同社は戦後クラレとなり、この繊維をクラロンと名称して大きな成功を収めている。ここにも我々は財団法人合成繊維研究協会の成果をみることができるのである。

文献

1) 桜田一郎『高分子化学とともに』、紀伊國屋書店、1969年、77頁。
2) 通商産業省産業構造審議会編『80年代の通商産業ビジョン』、通商産業調査会、1980年、117頁。

3）『大平総理の政策研究報告書第二巻（田園都市国家の構想）』、大蔵省印刷局、1980年、147-149頁。
4）印牧直文『シリコンバレー・パワー』、日本経済新聞社、1995年、53-55頁。
5）長野浩一、山根三郎、豊島賢太郎『ポバール』、高分子刊行会、1970年、5-35頁。
6）「矢沢将英博士回顧談（下）」『繊維化学』、日本繊維センター、1967年10月号、38-39頁。
7）桜田一郎『化学の道草』、高分子刊行会、1979年、205頁。

第1、2節の執筆にあたっては次のものを全体として参考にした。
　　印牧直文『シリコンバレー・パワー』、日本経済新聞社、1995年。
　　桜田一郎「ビニロンの発明」、桜田一郎他『化学の小径』、学生社、1978年。
　　――――『化学の道草』、高分子刊行会、1979年。
　　――――『高分子化学とともに』、紀伊國屋書店、1969年。
　　――――「高分子化学夜明けの道―― 40年の歩み」『自然』、中央公論社、1968年5月号、26-31頁：同6月号、32-7頁。
　　川上　博「ビニロン外史 "合成一号B" 時代 (1), (2)」『高分子加工』、高分子刊行会、1969年5月号、51-54頁：同6月号、47-50頁。
　　日本経済新聞社編『シリコンバレー革命』、日本経済新聞社、1996年。
　　李升基『ある朝鮮人学者の手記』、未来社、1969年。

第3節の執筆にあたっては次のものを全体として参考にした。
　　「矢沢将英博士回顧談（上）（下）」『繊維化学』、日本繊維センター、1967年9月号、18-22頁：同10月号、35-38頁。
　　『鐘紡百年史』、鐘紡株式会社社史編纂室、1988年。

第4節の執筆にあたっては次のものを全体として参考にした。
　　渡辺一郎「ビニロン開発の苦心」、『化繊月報』、化繊月報刊行会、1961年9月号、60-61頁。
　　倉敷レイヨン資料部編「ビニロン年表」、『高分子加工』、高分子刊行会、1960年3月号、10-11頁。
　　大杉鉄郎「ビニロン工業化の思い出」、『化繊月報』、1968年10月号、62-63頁。

第5章全般にわたっては次のものを全体として参考にした。
　　『日本化学繊維産業史』、日本化学繊維協会、1974年、324-327頁。
　　『日本繊維産業史（各論編）』、繊維年鑑刊行会、1958年、564-570頁。

7 日本のナイロン研究

第1節　京都大学における小田、目代氏のナイロン研究

　前章ではデュポン社のナイロンに対抗して、日本ではビニロンの研究が行われたことを述べた。ビニロンほどマスコミではとりあげられなかったがナイロン製造の研究もビニロンと並んで深く静かに行われていた。本章ではその実態に迫る。

　1939年（昭和14）の初めにX線解析等によるナイロン分析を終えた京大桜田教授等は、京大内におかれていた財団法人日本化学繊維研究所（第6章第1節参照）における研究分担を1939年の春に喜多教授を中心にして次のように決定した。桜田教授を中心とするグループがビニル系統の合成繊維の研究を行い、小田良平教授のグループがナイロンの研究を行う[1]。前者の成果が合成一号に結実した経過を前章2節で詳述した。後者の研究が日本のナイロン研究の先駆となる。以下に小田氏のグループのナイロン研究を詳述したい。

　1939年当時、東洋紡の化学部門の総指揮者であった富久力松部長[2]が、我国の繊維事業の今後に非常な影響を及ぼすものとしてナイロンの製造に関する研究開始を、東洋紡の科学研究所に勤務し人絹及びスフの強力の飛躍的向上の研究に従事していた目代渉氏に命じた。目代氏は、1937年に東大の応用化学を卒業したばかりの俊英であった[3]。富久力松氏は、1923年3月京都大学工学部卒、同年4月〜1928年3月まで京都大学助手を務めた。京大在学中より助手時代まで喜多教授に師事し、当時の東洋紡常務関桂三氏と喜多氏が中学時代の友人であったことから、1928年4月喜多氏の斡旋によ

り東洋紡績に入社した。このような富久氏と喜多氏の関係から、目代氏は、ナイロン研究のために喜多研究室に属する小田教授のもとに派遣されたものである。第6章第1節で述べたように東洋紡は財団法人日本化学繊維研究所に役員を派遣し、寄付金も出している。

　第4章第1、2節で述べたようにナイロン66の性質は各方面の分析と追試によりほとんど解明されたので、目代氏の研究は専ら主原料であるアジピン酸とヘキサメチレンヂアミンの合成法とデュポン社の持つ溶融紡糸技術の検討が重点となった。当時我国の化繊の紡糸技術は湿式法と乾式法の2方法しかなかったので、ここに現れた溶融法は繊維工学上の技術革新の花形ともいえるものであった。湿式紡糸法は、原料高分子を溶剤に溶かした液（ドープという）をノズルを通して凝固液の中へ押し出して繊維にする方法であり、多くのレーヨンについて行われた。乾式紡糸法は、原料高分子を溶剤に溶かしたドープを、ノズルを通して加熱した空気中へ押し出し、溶剤を蒸発させて繊維をつくる方法で一部のレーヨンについて行われていた。これに対して溶融紡糸法は、原料高分子を加熱して溶かした溶融液を、ノズルを通して空気中に押し出し、空気または水で冷却して、凝固し繊維にする方法で、前二者に対して高速でノズルから押し出すことが可能である。

　しかしながらデュポン社から継続的に数多くの特許が発表されてくるに従い、その系統的に整然として一分の隙も見せず、しかもポイントを巧みにカムフラージュしたやり方は、目代氏等を感心させた。また工業化する場合の最大の難関は溶融紡糸法でないかと心配せざるを得なかったという。目代氏等はこれに対応すべく研究の進め方において次の重点コースを3つ選定することにした。

(1) ポリアミド系重合体で未知かあるいはカローザスの研究で解決されていたものを追求する。
(2) ナイロン66より、原料が合成しやすく、できるならば空気中でも溶融紡糸にできるポリアミドを捜す。
(3) 特許対策上、重合反応を終了した、溶融状態のポリマーをそのまま紡糸工程にもってゆく。

　このためにもナイロン66の製造研究と並行して、まず海外の文献でとくに特許を中心に調査する方針を決めた。

1940年（昭和15）の暮れに、ドイツのイー・ゲー社（I. G. 社）のカプロラクタムの重合のイタリー特許373,977号の抄録が『ヒェミッシェス・ツェントラルブラット』(Chemisches Zentralblatt) に載ったのを目代氏が発見し、これをもとにカプロラクタムの合成研究が始められた。この特許は、ドイツのイー・ゲー社のシュラック（Paul A. Schlack）の発明による ε-カプロラクタム

$$\begin{array}{c} (CH_2)_4 - CO \\ | \quad\quad\quad | \\ CH_2 \; - \; NH \end{array}$$

を開環重合させてナイロン6を得るものである。

　目代氏等は直ちにシクロヘキサノンからオキシムを合成し、さらにベックマン転位でカプロラクタムを作り、これをオートクレーブで加圧重合した時、白色の重合体が得られた。これの紡糸性を実験するとナイロン66と同じような繊維が得られた。原料はラクタムだけであり、しかも溶融点はナイロン66よりも低くて紡糸しやすくきわめて有望なものであった。この成果は喜多研究室報告に第4報として載せられ、さらに『理化学研究所彙報』（昭和16年、第20輯、第6号）にも掲載された。また1941年（昭和16）の理化学研究会の講演会で概要が説明された。さらに目代氏等は研究をすすめ、第5報において、ε-カプロラクタムの重合反応を次のように推定している。

$$\begin{array}{c}(CH_2)_4-CO \\ | \quad\quad\quad | \\ CH_2\;-\;NH\end{array} + \begin{array}{c}HO \\ | \\ H\end{array} \rightarrow \begin{array}{c}(CH_2)_4-COOH \\ | \\ CH_2-NH_2\end{array} \xrightarrow[-H_2O]{縮重合} \cdots CO-(CH_2)_5-NH-CO(CH_2)_5-NH\cdots$$

　つまり、ε-カプロラクタムが水によってε-アミノカプロン酸になり、これが縮重合して高分子化合物（ナイロン6）が生成するというわけである。さらにひきつづいて目代氏等は、「ナイロン中規模製造試験（第1報）」（昭和18年5月4日講演）を発表した。これは、カロザースのナイロン66とシュラックのナイロン6を次図にしたがって中規模にそれぞれ製造し、比較検討したものである。

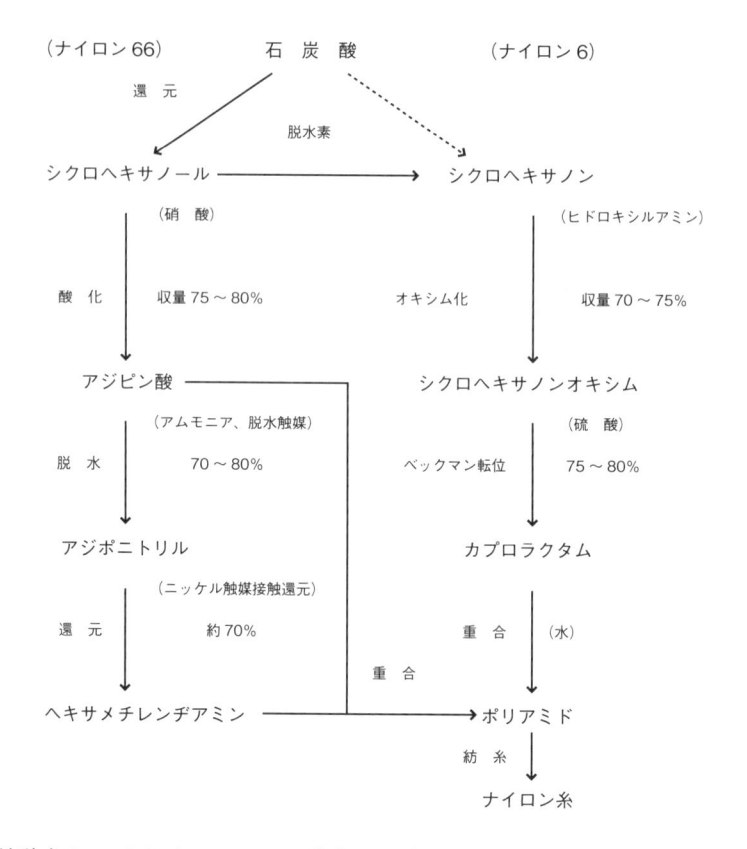

```
(ナイロン66)      石 炭 酸        (ナイロン6)
           還元    │
                  │ 脱水素
         ┌────────┼────────┐
         ▼                 ▼
    シクロヘキサノール ──────→ シクロヘキサノン
         │     (硝酸)              │ (ヒドロキシルアミン)
    酸化 │   収量75〜80%   オキシム化│   収量70〜75%
         ▼                         ▼
      アジピン酸 ──────┐      シクロヘキサノンオキシム
         │ (アムモニア、脱水触媒)    │ (硫酸)
    脱水 │   70〜80%    ベックマン転位│  75〜80%
         ▼                         ▼
     アジポニトリル                カプロラクタム
         │(ニッケル触媒接触還元)     │
    還元 │  約70%                重合│ (水)
         ▼              重合        ▼
   ヘキサメチレンヂアミン ──────→ ポリアミド
                              紡糸│
                                  ▼
                               ナイロン糸
```

　結論としてはナイロン6が工業化には適しているとしている。その理由として、

　　①反応装置が簡単
　　②副原料が得やすい
　　③紡糸が楽

を上げている。この中規模製造試験では、ナイロン66、ナイロン6ともに1回で1kgの製造が可能であった。この中間試験は1944年（昭和19）の初めには1回で5〜10kgまでの製造に拡張された。しかし残念ながら第二次世界大戦への突入は次第に繊維技術の研究開発にも大きくのしかかってきたのである。各種原料、副資材や製造設備用の特殊材料の購入が次第に困難になり、やがて、目代氏は戦時研究員となって、1944年（昭和19）夏には彼の

ナイロンの研究も中断のやむなきにいたった。

目代氏は京大を去り、東洋紡としてはナイロンの研究開発を中止した。この節のまとめとして、小田、目代氏等の論文（第9報で終わっている）の一覧を掲げておく。次節では、戦時中にナイロン6のパイロットプラントを建設し、実際にナイロン6を製造した東洋レーヨンについて精査する。

第1報　目代　渉、石原正夫、森下長左衛門、小田良平
　　　「ナイロン並に其類似化合物の合成に関する研究――ナイロンの合成」
　　　喜多研究室報告、昭和15年10月8日受理、『理化学研究所彙報』昭和15、第19輯、第12号掲載

第2報　同名
　　　「脂肪属ヂアミンと二硫化炭素との反応」
　　　喜多研究室報告、昭和15年10月8日受理、『理化学研究所彙報』昭和15、第19輯、第12号掲載

第3報　同名
　　　「アヂピン酸ヂニトリルの合成」
　　　喜多研究室報告、昭和15年12月18日受理、『理化学研究所彙報』昭和16、第20輯、第2号掲載

第4報　小田良平、目代　渉、石原正夫、戸倉仁一郎
　　　「ナイロン並に其類似化合物の合成に関する研究――環状ケトンよりポリアミドの合成」、喜多研究室報告、昭和16年4月30日受理、『理化学研究所彙報』昭和16、第20輯、第6号掲載

第5報　同名
　　　「ナイロン並に其類似化合物の合成に関する研究――シクロヘキサノンオキシムのベックマン転位及びε-カプロラクタムの重合機構に関する実験」
　　　喜多研究室報告、昭和16年10月14日受理、『理化学研究所彙報』昭和16年、第20輯、第12号掲載

第6報　同名
　　　「環状ケトンよりポリアミド及び繊維の製造」（第4報と第5報の補足である）

第 7 報　同名
　　「共重合ポリアミドの製造」

第 8 報　同名
　　「脂肪族環状ケトンより ε-オキシ酸の生成に就て」
　　第 6 報から第 8 報まではいずれも財団法人日本合成繊維研究協会・高槻研究室の報文として、昭和 17 年 2 月 25 日受理、『合成繊維研究』昭和 18 年 11 月、第 1 巻、第 1 冊に所収

第 9 報　小田良平、目代　渉、石原正夫、仲本豊一
　　「ナイロン中規模製造試験（第 1 報）」
　　昭和 18 年 5 月 4 日　神田教育会館における財団法人日本合成繊維研究協会主催の「第 1 回学術講演会」の要旨、『合成繊維研究』、昭和 19 年 2 月、第 2 巻、第 1 冊に所収

第 2 節　東洋レーヨンにおけるナイロン研究

　第 4 章第 1 節で述べたように東洋レーヨン（以下東レ）は民間企業では唯一ナイロンの分析を行い、正しい構造式を決定している。またこれは、京大の桜田教授、東工大の星野敏雄助教授と並ぶ早い時期、1939 年初頭のものであった。さらに、1939 年 3 月 26 日、実験室でアジピン酸とヘキサメチレンジアミンを作り、これを重合してナイロンを合成し紡糸することに成功した[4]。この研究の中心になったのがポリアミド研究担当の星野孝平氏であった。その後星野氏を中心に紡糸法が研究された。
　まず湿式紡糸を行ったが強度あるものが得られなかった。その後、乾式紡糸、溶融紡糸について研究を進め、1939 年 7 月 9 日乾式紡糸に成功し、モノフィラメントの連続糸を作った。この糸は 3.23d、乾強度 4.67g/d、湿強度 3.24g/d、伸度 26.4％で、糸として十分価値のあるものであった。その後 12 月 27 日に溶融紡糸を試み、6.3d、乾強度 2.44g/d、湿強度 1.75g/d、乾伸度 55％のナイロンモノフィラメントを得ることができた（単位の d などに

ついては第4章第1節の著者注参照）。この糸は低、温いずれの引伸にかかわらず横断面は完全な円形であった。これら研究の成果は1940年4月20日、日本化学会の常会において「ナイロンの分解および合成」、「ポリアミドの粘度式」という2つの報告にまとめて発表された。この際米国のナイロンの紡糸法は溶融紡糸によったものであるとの推定を公表した。

　当時、研究部においては、各種の合成繊維について広範な研究を行っていたが、ポリアミド研究の進展とともに研究はこの方面に集中された。その後のポリアミド研究は分子量、粘度、反応度、反応速度などの理論的研究に傾き、分子構造中に環を持つポリアミド、例えば、ポリシクロヘキシレン－1・4アジバミド、ポリシクロヘキシレン－5・5－2メチル－1・3アジバミドなどを合成し、その頃ナイロンの欠点といわれたヤング率の低いことを克服しようと試みた。

　第4章で述べたように、1941年1月に財団法人日本合成繊維研究協会が設立されたが、東洋レーヨンは同会の設立発起人として、当初からこれが設立に加わったが、その後も技術委員として種村研究部長が、第1分科会「ポリアミド系合成繊維」および第7分科会「紡糸」に参加し、東京工大星野教授、京大小田教授、同桜田教授、阪大村橋教授などの技術委員とともにポリアミド合成繊維の研究を行った。

　財団法人日本合成繊維研究協会の8分科会は以下の通りである。（第5章第2節の表を再掲）この分科会の世話役が幹事と称せられた。

第1分科会（ポリアミド系）	幹事	種村功太郎（東レ）
第2分科会（ポリヴィニルアルコール系）	幹事	季　升基（京大）
第3分科会（ハロゲン化ヴィニル系）	幹事	秋吉三郎（大工試）
第4分科会（其他ヴィニル系）	幹事	小田良平（京大）
第5分科会（アクリル系）	幹事	神原　周（東工大）
第6分科会（特殊化合物）	幹事	村橋俊介（阪大）
第7分科会（紡糸）	幹事	中島　正（東洋紡）
第8分科会（性能）	幹事	桜田一郎（京大）

　1941年の春の第1分科会において、京大の小田教授から、前節で述べたドイツのI. G. 社シュラック博士（P. Schlack）のε-カプロラクタム重合体に関するイタリア特許（I.P.No. 373,977）の抄録が紹介された。これは第

1節で述べたように東洋紡の目代氏が発見したもので、『ヒェミッシェス・ツェントラルブラット』に掲載された特許である。第1分科会の幹事は上表に示したように東レの種村功太郎氏であったので、東レは小田氏が紹介したこの特許文献に基づき、環状アミドより線状ポリアミドを作る研究を進め、ε-カプロラクタムの合成および溶融紡糸の際に必要な溶融物の粘度などについて研究を行った。それらの実際の試験用機械装置は東レが独自で設計、製作し、紡糸法については、デュポン社ナイデッガー（R.R. Nydegger）の行った紡糸法が利用された。その後1941年5月13日には、蝋燭式溶融紡糸機によってカプロラクタム重合体からナイロン6のマルチフィラメント糸（10フィラメント）の紡糸に成功した。

　これは京大の小田、目代グループの第4報に相当するもので東レ側に半月以上の遅れがある。

　ここで重要なのは、財団法人日本合成繊維研究協会が果たした役割である。この会合で京大の小田氏がシュラックの特許を東レに述べなければ東レのナイロン6の開発はなかったわけである。東洋紡の目代氏が発見した記事がいわば競争相手の東レ側にもれて、東洋紡ではなくて東レがこれを開発したというのは、現在では考えられないことであるが財団法人日本合成繊維研究協会の設立趣意、

　「……中枢機関トシテ財団法人日本合成繊維研究協会ヲ設置シ以テ合成繊維ノ研究ニ当ルト共ニ、各研究機関ノ研究ノ緊密化ヲ図リ、之ガ企業化ヲ促進セント企図スル次第ナリ」（第5章第1節）

には見事に合致する。東洋紡は、目代氏等を京大には派遣しているが、社の研究所でナイロンの研究は行っていないし、この時点で工業化の意図はもっていなかった。

　財団法人日本合成繊維研究協会の第1分科会は、その後引き続いて開催され、相互に研究の進展を図っていたが、同研究会は当社のポリアミド研究の成果を認めていたので、当社は同協会にはかり、1941年秋ポリアミドの中間工業化試験設備を当社滋賀工場に設置する計画をたてた。このときまでの東レのポリアミドの研究成果は4件の特許となった。東レはさし当たりナイロン66、ナイロン6各日産5kgの繊維の試験設備をつくることにし、「臨時資金調整法」により79,000円使用の申請書を日本銀行本店の2階にあった

大蔵省資金局の窓口に提出したのが、1941年12月4日であり、19日に許可された。しかし、不幸にも12月8日に太平洋戦争に突入した。

　試験工場は滋賀事業場のフィルム研究所の2階で、当時レーヨン紡糸機の供出後空いていたところで、1階には当時の研究所があった。この規模は小さく、中には十分うまくいかなかったものもあったが、設計陣の創意も入り段々改良された。例えばオキシムを冷却した濃硫酸に溶解しておき、傾いた熱した鉛桶の上を薄膜で連続して流し転位させるというようなことも行われた。この試験工場は1942年12月に完成し、1943年初から操業し、4月23日に財団法人日本合成繊維研究協会第1分科会の技術委員一行により視察された。この際蝋燭式（第1号）紡糸機による紡糸がうまくいっていたので「溶融紡糸はあんなに簡単にいくと思わなかった」という感を洩らした者もあったという。しかし一方では渦巻型にした溶融紡糸機が気泡ばかり出ていてうまくいかずに冷汗を出していた担当者もいたという[5]。

　この試験工場はアジピン酸よりアジポニトリルを経るナイロン66、シクロヘキサノンよりカプロラクタムを経るナイロン6の設備をおのおの日産5kg製造するものであり、紡糸機は蝋燭式のものが2錘据付けられた。この中間工業化試験設備の運転にあたっては、当初もっぱらナイロン66に重点が置かれ、その原料であるアジピン酸、アジポニトリルの工業的製法の研究も引き続いて行なわれた。ナイロン66製造のためには濃硝酸および18-8ステンレスを多量使用しなければならなかったが、戦時下ステンレス鋼、濃硝酸などの資材、薬品は入手難となったので、ナイロン66の製造設備の拡張はやめ、主としてナイロン6のみを作ることとなった。すなわちナイロン6の100Dから2,000Dまでのモノフィラメントや1,000D（10フィラメント）、210D（30フィラメント）のマルチフィラメント糸の紡糸および撚糸を行い、これらをもってテグスをはじめ各種製品を試作した（単位のDなどについては第4章第1節の著者注参照）。これは前節で述べた小田、目代グループの「ナイロン中規模製造試験」が行われた時期で、同グループが工業化にはナイロン6を製造すべきであると指摘した時期と一致している。つまり、財団法人日本合成繊維研究協会の第1分科会を通じて、小田、目代グループと東レの研究陣が緊密な関係にあったことがわかる。

　試験工場に先立ち、東レは1942年10月アミラン（Amilan）と命名し、

直ちに商標登録を申請した。アミランとは化学名ポリアミド（Polyamide）のアミ（ami）とラテン語の羊毛（Lana）のラン（lan）を組み合わせてAmilanとしたものである。

　当社はナイロン中間工業化試験設備によって各種試作品を作ったが、まずアミランテグスは1941年秋に釣糸としての試験を行い、同時に東京三越に展示されたところ、天然テグス輸入の困難な折から品質、価格の点で農林省、全国漁業組合連合会の注目するところとなり、農林省から資材の特配を受けてその生産を奨励された。東レはこのアミランテグスを「東洋合成テグス」の名称で1942年末に最初の製品を全国漁業組合連合会に送って市販を開始した。

　東レは、1943年4月5日に「国家総動員法」による試験研究命令をもっ」て、商工大臣から「ポリアミド系合成繊維並びに同重合物の製造研究」の命令を受けた。これに対し東レは直ちに試験研究実施計画をたて、ナイロン6樹脂日産1t、同繊維日産50kgの設備を建設することになり、7月15日「臨時資金調整法」に基づく許可を受けたが、資材の入手難から建設工事は進捗しなかった。ところが、この設備の増設を準備中のところ、ナイロン樹脂を電気絶縁材料に使うことに注目していた海軍航空本部より1943年8月下旬、ポリアミド合成樹脂製造の設備拡充の示達を受けた。生産指示と同時に海軍より設備拡張資金として2600万円を受け、ナイロン樹脂日産1t設備の拡張を命ぜられたので、東レは前述のナイロン樹脂日産1t、同繊維日産50kgの設備の建設を積極的に進めることとなった。1944年にはいってからは合成テグスの生産を中止し、市販のシクロヘキサノンを購入してナイロン樹脂（チップ）の生産を行い、海軍航空技術廠に納め、これは1943年9月3日の第1回納入から1945年5月まで続き、その納入総量は約8tに達した。

　この間、ナイロンの研究は原料石炭酸から一貫したナイロン生産における実際の問題の解決に努め、さらに海軍からはナイロン樹脂（チップ）の電線被覆加工依頼を受け、エナメル線被覆、キャプタイヤ耐油被覆などの加工について研究を行い、その結果により当社で被覆加工を行うようになり、一部は各電線会社においても加工が行われた。

　ナイロン樹脂日産1t設備の拡張工事は戦争激化とともに資材難にあい、特に鋼材、真鍮、アルミニウムなど各種資材の入手難、技術者・労務者の不足、

機械設備製作についての基礎技能の低下などのため予期通りの進捗をみることは困難であった。しかし、これら数多くの困難を克服して、1944年11月にナイロン樹脂日産50kg設備が滋賀工場内第二工場2階に、1945年3月にはナイロン樹脂日産1tの合成工場が第一工場内にそれぞれ完成した。この合成工場は水素添加、薬品、重合、加工の4工場からなる相当大規模のものであった。しかし、1944年から1945年にかけて、戦局の悪化とともに原材料、動力の欠乏と一般生産力の低下にわざわいされて、一通り完成されたナイロン樹脂工場は部分的操業にとどまり終戦を迎えた。前述した海軍からナイロン樹脂生産の指示により、ナイロン繊維（マルチフィラメント系）の研究は若干の試験をされたにすぎず、マルチフィラメント糸の工業的生産は戦後に持越された。

東レの星野氏等は、京大の小田、目代グループとは異なり日本化学会誌に「合成繊維の研究」（のちに「ポリアミド系合成重合物の研究」と改題）として報告している。敗戦までの論文をあげると次のようになる。

		年	月
第1報	ナイロンの分解と合成（星野）	1940	5
2	ポリアミドの粘度式（1）（星野）	1940	6
3	環をふくむポリアミド（1）（星野） ポリーシクロヘキシレン－1,4－アジパミド	1941	3
4	同上（2）（星野） ポリーシクロヘキシレン－5,5－ジメチル－1,3アジパミド	1941	7
5	ポリアミドの粘度式（2）溶融粘度（星野）	1941	7
6	カプロラクタム重合体（1）（星野・野一色・相川）	1941	12
7	ナイロン中間体の合成（星野・野一色）	1942	1
8	ポリカプラミド中間体の合成（星野・野一色・相川）	1942	9
9	カプロラクタム重合体（2）（星野・野一色）	同上	
10	共重合体（星野・相川）	同上	
11	カプロラクタム重合体（3）（星野）	1943	6
12	粘度式（3）（星野）	1944	5

このように東レという企業の中にありながら論文発表が自由になされている。これは、途中からカロザースの論文発表を規制したデュポン社とは大き

な相違である。このような自由な発表ができたのは財団法人日本合成繊維研究協会の趣意「……各研究機関ノ研究ノ緊密化を図り……」によるものであろう。

第3節　ナイロン6のドイツにおける実態

　1938年に、I. G. 社（イー・ゲー社）のシュラックはラクタムの一種である ε-カプロラクタムを加熱して開環重合することによって、融点約210℃を持つポリマー（ナイロン6）を得ることに成功した。カロザースは酸ラクタムは重合しないと思っていたが、シュラックは水の効果に着目して重合に成功したのである。すなわち彼の発明では、水などの触媒をモノマー対比 1/50 当量(equivalent)以下にすることを条件としている。このポリマーから作られた繊維の破断強度は 6g/d で酸性染料によく染まった。

　シュラックの特許は 1938 年 6 月 10 日にまずドイツで申請され（1944 年 10 月 30 日成立、DRP748,253）、約 1 カ月後にアメリカにも特許申請された（成立 1941 年 5 月 6 日、USP2,241,321）。アメリカよりもドイツにおける方が申請より成立まで長時間を要した。自国出願の後、すぐ米国に出願するところを見ても、I. G. 社がデュポン社を強く意識していたことが読み取れる。

　シュラックの特許に遅れること約半年、デュポン社でカロザース亡き後ナイロンを研究していたハンフォード（W. E. Hanford）は環状アミドを 0.1 モル以上の水共存下で開環重合する発明を特許出願した（1939 年 2 月 7 日申請、1941 年 5 月 6 日成立、USP2,241,322）。驚くことに、I. G. 社が水の量をモノマー対比 1/50 当量以下としているのに対し、デュポン社は 0.1 モル（mol）以上と規定し重なりが存在しない。また、シュラック特許とハンフォード特許とは、それぞれ、「当量」と「モル」および「5個以上の炭素を有するラクタム」と「6員環以上の環状アミド」などのように似た内容を異なった言い方で微妙に用語を使い分けている。興味深いことには、これらの 2 つの特許の登録番号は続き番号である。すなわち、アメリカ特許庁は両特許を一緒に審査したものと思われる。ε-カプロラクタムは水が全く共存しないときは重合しない。それぞれの特許の反応機構は次のようなものである。(1) 微量の

水が存在すると（I. G. 社の発明）、まず最初にε-アミノカプロン酸が生じ、それがカプロラクタムに付加反応し順次付加重合が起きる。

$$\begin{array}{c} (CH_2)_5 \\ |\ \ | \\ NH-C=O \end{array} + H_2O \rightarrow H_2N(CH_2)_5COOH$$

ε―カプロラクタム　　　　　　ε―アミノカプロン酸

$$H_2N(CH_2)_5COOH + \begin{array}{c}(CH_2)_5 \\ |\ \ | \\ NH-C=O\end{array} \rightarrow H_2N(CH_2)_5CONH(CH_2)_5COOH$$

$$H_2N(CH_2)_5CONH(CH_2)_5COOH + \begin{array}{c}(CH_2)_5 \\ |\ \ | \\ NH-C=O\end{array}$$

$$\rightarrow H_2N(CH_2)_5CONH(CH_2)_5CONH(CH_2)_5COOH$$

（2）水分量が多い場合（デュポン社の発明）には、ε-カプロラクタムは一度にε-アミノカプロン酸となり、これが縮合重合する。

$$nH_2N(CH_2)_5COOH \rightarrow H_2N(CH_2)_5CO(NH(CH_2)_5CO)_{n-2}NH(CH_2)_5COOH + (n-1)H_2O$$

次にアメリカにおけるカロザース、シュラック、ハンフォードの特許を比較する。

ナイロン6に関する特許および論文の比較

	カローザス特許	シュラック特許	ハンフォード特許
特許	USP2,071,253	USP2,241,321	USP2,241,322
著者	W. H. Carothers	P.Schlack	W.E.Hanford
出願人	(du Pont)	(I.G.)	(du Pont)
出願日	1935.1.2	1938.7.20	1939.2.9
特許成立日	1937.2.16	1941.5.6	1941.5.6
重合法	ε-アミノカプロン酸の加熱（クレーム1:5個以上の炭素を有するモノアミノカルボン酸の加熱）	ε-カプロラクタムの開環重合（クレーム1:5個以上の炭素を有するラクタムの加熱クレーム2:5個以上の炭素を有するラクタムの触媒共存下重合クレーム3:触媒をモノマー対比1/50当量以下で用いる重合）	環状アミドの開環重合（クレーム1:6員環以上の環状アミドを0.1モル以上の水共存下で重合）
ポリマーの特徴	融点205-210℃可紡性良好強く曲げやすい高配向繊維となる	融点約210℃繊維強度6g/d酸性染料良染重合度未測定と記述	ポリマーは堅くてタフで白い固体

　シュラックのドイツでの特許は1938年6月10日に出され、成立したのはアメリカでの成立日より3年以上遅れた1944年10月30日である。シュラック、ハンフォード特許とともに成立日が1941年5月6日であり、目代氏がシュラックのイタリー特許を1940年の暮れに発見できたことは、しのぎを削る合成繊維の競争において、半年早く準備できたことであり、日本のナイロンの発展には大変幸運なことであったと言わざるを得ない。カロザースの特許は鎖状アミノ酸によるもので、シュラック、ハンフォード特許の環状アミド（ラクタム）によるものではない。カロザースはラクタムは重合しないと考えていた。

　I. G. 社は1939年にパイロット・プラントでナイロン6（ポリε-カプロラクタム）の製造を開始し、さらに1942年から工業化した。戦時中は短繊維（スフ）が綿や毛と混紡されて軍服や靴下などの軍事に利用

された。ロイナ (Leuna) 工場で200t/月 (実績)、ルドビヒシャフテン (Ludwigshafen) 工場で150t/月生産された。紡糸は Berlin-Lichtenberg, Premnitz, Landburg, Wolfen の各工場と Thuringische Zellwolle 社のシュバルツァ (Schwarza) 工場などで合計日産10t生産された。

東レでは戦時中はナイロン6が樹脂とし軍需用に用いられたが、ドイツでは、繊維としても軍需用として利用されていたわけである。アメリカにおいても第2次大戦中はナイロン66が軍需用に回されたが、生産量でいうとアメリカ（デュポン社ナイロン66）944t/月、ドイツ（I.G.社ナイロン6）350t/月、日本（東レ、ナイロン6）30t/月となる。連合国側のアメリカはナイロン66でその生産量は圧倒的に多いが、日独側はともにナイロン6で生産量としては合計してその約2/5と健闘している。日独ともにナイロン6であるのは、ナイロン66の特許がデュポン社に握られているという面もあるが、第1節の小田、目代グループの中規模製造試験の結論や第2節の東レの工業化においても原料の入手しやすさから、ナイロン6の方が工業化しやすいという条件があったからである。

もしもカロザースがラクタムの重合に成功していたら、デュポン社としてもナイロン6を工業化していた可能性は高いといえるであろう。

ここで I. G. 社の歴史をみておく。

I. G. 社はポリ塩化ビニルより繊維を作る研究を1930年代の初期に行なった。このポリマーは溶媒に溶解しにくい。その欠点を改良するためにポリマーを合成した後さらに塩素化する方法（後塩素化法）を発明し、ポリマーを無水アセトンに溶解し、28%溶液を水中に湿式紡糸法にすることによって繊維化に成功した（1932年）。1934年試験生産を開始し、最初に商業生産された合成繊維としてペー・ツエー繊維（Pe Ce 繊維）と名付けた。この時点では I. G. 社における合成繊維の研究・開発は世界で一番進んでいた。I. G. 社は第一次世界大戦終了時までは、世界で最も多数のプラスチック（plastic materials: 合成高分子のこと）に関する特許をアメリカ（USA）、イギリス（UK）、ドイツ、フランスの先進4カ国で取得した会社であった。例えば、同社は1891〜1930年の間に346件、1931〜45年の間に889件の特許を保有した。ちなみにデュポン社はそれぞれ78件と32件で、3位および2位であった[6]。さらに、I. G. 社は一連の合成繊維を研究し、ナイロン6繊維を

Perlon L、ナイロン 66 繊維を Perlon P、塩化ビニリデン繊維を Pe Ce120 と名付けた。戦時中、モノマー（塩化ビニル）は Sch-kopan、ポリマー（ポリ塩化ビニル）は Bitterfeld、繊維は Wolfen で製造された。Pe Ce 繊維はフィラメント 18t/ 月、ステープルは 150t/ 月生産したという（設備能力 327t/ 月）。フィルムや樹脂はこれらよりはるかに多量生産された。Pe Ce 繊維は軟化点が 100℃前後で、破断強度は 1.8−2.2g/d であった。フィラメントは化学薬品に対し安定であり、工業用途（濾布など）に用いられ、スフは混紡して被服繊維に用いられた。これに対抗して、1939 年、Union Carbide and Carbon Corp.（UCC, アメリカ）が塩化ビニル共重合体を製造し、そのポリマーの紡糸を American Viscose Corp.（AVC）が担当して、塩化ビニル系合成繊維を工業化し、ビニヨン（Vinyon）と名付けた。この糸は融点が 77℃と低く、衣料用繊維には適さなかった。

このように、デュポン社がナイロンを発表するまでは、既知のビニル系高分子を差し当たって繊維化する、いささか手軽な手段で工業化が図られた。ポリ塩化ビニルは非水性高分子であり、しかも軟化点も低く、衣料用繊維としてはもともと不適であった。

I. G. 社では、ナイロン 6 を上述のごとく Perlon L と名付けたが、1939 年の工業化のはじめでは、パールラン Perluran と呼んでいた。1943 年（昭和 18）2 月 15 日発行の『繊維化学教室より』（文理書院）の中で京大の桜田一郎教授はこのパールランを次のように紹介している。

「……ペー・ツェー繊維は確かに工業的に新領域を開拓するに相違ない。しかし、それのみでは誰しも満足できない。殊にナイロンがアメリカにおいて被服繊維として堂々乗り出してきているにおいてやである。かくしてドイツの科学が新しく生み出したものがパールランである。パールランに就てはまだ報じられている事は極めて少ない。原料はペー・ツェー繊維と同様に石炭と石灰なそうであるからおそらくビニル系統のものであろうかと思われるが確実ではない。イー・ゲーでは大規模な設備を既に建設中との事である。軟化点は摂氏 200℃以上であるから煮沸しても差し支えなく、またアイロンもあてられるとの事である。しかもパールランは乾燥強度も湿潤強度も高く、単に美しいだけでなく、弾性は天絹にも勝ると言われている。ポリビニル・アルコール系の合成繊維は熱湯に抵抗性の少ない事を欠点としていたが、近

く報告される李博士等の研究によれば、耐熱性はもちろん耐熱水性もパールラン程度に高める事は不可能でないようである」[7]。

1943年段階においても桜田氏はパールランがナイロン6であることがわかっていない。戦時中、情報がいかに入りにくいかの1つの例であるし、これほど早くI. G. 社がナイロン6を工業化するとは想像できなかったのであろう。前節で述べたように日本の東レが日産1tの工場をつくったのが1945年3月のことである。

次節では戦後の日本の合成繊維の発展を概観し、ナイロンの出現と日本の合成繊維産業の進展との関連を精査する。

文 献

1) 桜田一郎『高分子化学とともに』、紀伊國屋書店、1969年、93-94頁。
2) 富久力松『蝸牛随筆』、創元社、1966年、10頁。
3) 目代 渉「戦時中におけるナイロン研究の思い出」、『化繊月報』、化繊月報刊行會、1968年10月号、41-42頁。
4) 星野孝平「ナイロンの研究から工業化まで」、『化繊月報』、化繊月報刊行會、1968年10月号、64-65頁。
5) ─────「ナイロン6の開発の経過を顧み」、『日化協月報』、日本化学工業協会、1968年4月号、6-11頁。
6) Walter Shrolli, "Nylon6 in Man-Made Fibers," *Science and Technology*, 2 (1968): 229。
7) 桜田一郎『繊維化学教室から』、文理書院、1943年、279-283頁。

第2節については次のものを全体として参考にした。
　『東洋レーヨン社史』、社史編集委員会編、1954年。

第3節については次のものを全体として参考にした。
　桜田一郎他『工業化学概論　中巻』、丸善、1952年。
　上出健二『繊維産業発達史概論』、日本繊維機械学会、1993年。

8 戦後の日本の高分子化学の発展

第1節　ナイロンとビニロンの躍進

　戦後における我国は、その経済自立の指針をどこに求めたらよいかに迷う難しい情勢下にあったが、国内資源の開発による合成繊維工業は、国際収支の将来に不安を持つ日本経済再建の一環として、経済自立の旗印の下に、大きく時代の脚光を浴びるに至った。

　1948年（昭和23）に入ると、GHQの内部には、日本の繊維原料輸入による外貨負担の圧力を軽減させる一策として、合成繊維工業建設の必要性を考慮する者が急に多くなった。とくに、エドワード・A・アッカーマン（E. A. Ackerman）博士（GHQの最高技術顧問）は、日本における合成繊維の研究を非常に高く評価し、経済安定本部資源委員会に対し、「合成繊維資源開発の可能性を総合的に検討して見たらどうか。日本の国内繊維需要を賄う上で、非常に有望な方法は、合成繊維の分野を開発することである」ということを真面目に考えていた進歩的な人であった[1]。

　こうした雰囲気を背景に、大幡久一氏（当時、GHQ顧問）、友成九十九氏（倉敷絹織株式会社取締役）、星野孝平氏（東洋レーヨン株式会社研究部長）の協力を得て、経済安定本部資源委員会の中に繊維部会を設立するための準備会が開かれたのは1948年（昭和23年）8月1日のことであった。彼らの進言により、1948年10月の経済復興5カ年計画に合成繊維が組み入れられ、戦後停頓していた研究および工業化試験の再開と相まって、政府においても

（1）設備および生産の統制をしない
（2）設備資金および運転資金の優先融資

(3) 資材の優先配当
(4) 製品を配給統制および価格統制の外におく
(5) 混紡試験用綿花、羊毛の割当
(6) 織物消費税および物品税の低減

等の育成対策がとられた。

さらに1949年に繊維産業生産審議会合成繊維部会より「合成繊維工業急速確立に関する件」が商工大臣あてに答申され、同年5月に省議決定がみられるに至った。その要項は次のものである[2]。

第一　方針

経済9原則の指示するところに従い、輸出貿易の拡大を図るためには何よりも合成繊維工業の育成が不可欠である。しかるに本邦における合成繊維工業はすでに技術的に一応完成の域に達しており、また国際的採算点に到達する見通しも立っているので、この際資本と技術を集中し、全繊維産業及び関連産業の積極的協力の下、急速に合成繊維の経済単位工場を建設し、以て経済復興5カ年計画に掲上さるべき合成繊維の生産計画を急速有効に達成するものとす。

第二　要領

(1) 急速に建設すべき合成繊維工業の種類

現在技術的に経済単位工場の建設が可能であり、将来国内資源にて原料自給の可能性あるものとしてとりあえず、ポリヴィニルアルコール系繊維（ビニロン）・ポリアミド系繊維（アミラン）の2種につき急速な工場建設を行い、他種合成繊維については将来研究進行状態その他の情勢により考慮するものとする。

(2) 建設方法

現在の国民経済の実情に鑑み左の建設方法をとる。

イ、建設力の集中

　　工場建設の効率を高めるためにポリビニル・アルコール系繊維及びポ

リアミド系繊維につきとりあえず各々1会社を先発の担当企業として選定し、経済単位工場各々一工場宛を建設せしめることとし、諸般の条件の熟するに伴ないできるだけ近い将来において逐次担当企業の数を増加することとする。尚この建設及び試運転には関係会社及び研究機関の技術陣をできるかぎり動員する。

ロ、建設資金其の他に関する措置

この事業は一私企業の能力を以てしては実現困難であるからその建設を容易にするため且つその公共性を明かにするため右の集中建設の資金其の他の面において可及的強力な措置を講ずる。

ハ、技術の公開

集中建設が前掲（ロ）の措置により完成したときはその技術は関係会社及び研究機関に対し、公開（有償公開を原則とする）を要するものとし、其後の一般企業としての合成繊維工業の発展に資せしめる。

(3) 工業化試験対策

ポリビニル・アルコール系繊維及びポリアミド系繊維の各種製造方法の内、集中建設工場にて採用せるもの以外の方法については、工業技術庁の他関係当局の援助の下に資金其の他の面に於ても可及的強力な措置を講じ、工業化試験を主とする経済単位以下の工場の復元又は建設を急速に行い、将来の合成繊維工業発展の基礎を培養すると共に前掲(2)(イ)の後続担当企業の育成に備えるものとする。

(4) 原料産業の強化

合成繊維工業の原料を国内資源により急速に確保するため、特に有機合成事業の画期的発展を図るを要するが、これがため別途官民一体となり急速に強力なる措置を講ずる。

第三　措置

(1) 各社の経験、現有施設等の事情に鑑み、前掲(2)(イ)の先発担当企業を左の如く定める。

　ポリビニル・アルコール系繊維、倉敷レイヨン株式会社
　ポリアミド系繊維、東洋レーヨン株式会社

（2）工業化試験を主とする工場の復元又は建設について左の如く定むるも必要に応じ追加し得るものとする。
　ポリビニル・アルコール系繊維　鐘紡淀川工場、合成一号公社高槻工場、三菱化成大竹工場
　ポリアミド系繊維　日本レイヨン宇治工場
（3）他種合成繊維に関する研究強化
　ポリビニル・アルコール系繊維及びポリアミド系繊維以外の合成繊維についても研究及び工業化試験の強化促進を要するが、前記有機合成事業の確立と相俟って別途急速に具体化の措置を講ずる。

　この方策に従って合成繊維産業に対する法人税、地方税、電気・ガス税等の多くの特典が与えられ、多くの低利の融資が行われた。なお、第三、措置に表示のある倉敷レイヨン株式会社（以下倉レ）は戦前の倉敷絹織のことである。1949年（昭和24）に倉敷レイヨンと社名変更された。
　我々はこの官民一体の合成繊維育成策をみるとき、戦前、戦中の財団法人日本合成繊維研究協会を連想せざるを得ない。共に目的は合成繊維の工業化であり、輸出貿易の拡大を図るための合成繊維工業の育成である。「合成繊維工業急速確立に関する件」の方針中にある「……本邦における合成繊維工業はすでに技術的に一応完成の域に達しており、また国際的採算的に到達する見透しも立って居る……」を見るとき、財団法人日本合成繊維研究協会は十分にその役割をはたしたことがわかる。この「合成繊維急速確立に関する件」で注目される点は、先発担当企業としてポリアミド系繊維、すなわちナイロンでは東レ、ポリヴィニルアルコール系繊維、すなわちビニロンでは倉レが選ばれたことである。ナイロンを工業化したのは東レだけであるが、ビニロンにおいては倉レと鐘紡が製造していた。1948年（昭和13）におけるビニロン生産量13tのうち9割が倉レが生産していたので、倉レが選ばれたのであろう。ところで工業化試験を主とする工場の中に合成1号公社高槻工場とあるのは、財団法人日本合成繊維研究協会の後進である財団法人高分子化学協会の高槻中間試験場は充分の資金を持ってはいたが、GHQの指示により全部封鎖となり、しかも戦場から帰還した研究者達を迎え入れて50人を越える大きい世帯になった。協会の事務長をしていた奥田平氏らの発案で

合成一号公社なる組織をつくり（1946年11月）関係会社からも協力、援助を受けて、自活しながら研究をつづけていた。丁度その頃、戦時中から合成繊維の調査研究をしていた大日本紡績は、合成一号公社高槻工場の業績を受けつぐことによってビニロンの企業化開始を決定した。同社は合成一号公社が再度の増資を決定して、資本金250万円増資して400万円とした1949年（昭和24）6月20日にその50％4万株を所有した。合成一号公社の経営は大日本紡績に移り、日本ビニロン（株）と改称された。同社は1950年6月に解散したが、そのスタッフ全部は大日本紡に吸収された。それまでの生産実績は、1948年0.6t、1949年8.6t、1950年16.2tであり、工業化試験工場としての役割を果たす程度であった。

　試験工場に指定された三菱化成大竹工場は、三菱化成の繊維部門が三菱レイヨンとして分離されていたがその工場であり、商工省議決定の1.5年前の1947年（昭和22）12月からテグスとしてビニロンモノフィラメントの生産を始めた新興勢力であった。

　同じくナイロンの試験工場に指定された日本レイヨン宇治工場は、戦後からナイロン6の研究を始め、ナイロンの基礎研究を一応終わった1948年7月に研究所構内に月産1tの中間試験工場を建設し、カプロラクタムの合成重合設備、ラクタムの紡糸延伸設備を設計製作据付し、ナイロン工業化への本格的研究を開始した。この間、重合、紡糸、延伸の特許を出願し、中間試験の研究に専念した結果、一応独自の技術をもってナイロン工業化への確信を得るにいたった新興勢力である。

　その後の倉レは次のような経過をたどった。

　1948年4月、カーバイドの製造から繊維の製造を行うビニロン一貫生産のための試験設備（日産200kg）の運転を開始し、同年末になって、各工程にわたる独自の技術を創案し、工場的生産に必要な基礎的技術を確立することに成功した後の1949年10月、倉敷工場の規模を日産1tに拡大し、技術水準の向上と市場の開拓に努める一方、第1期工事としての、日産5tの富山工場（カーバイドからのポリビニル・アルコール製造）および同じく5tの岡山工場（ポリビニル・アルコールからのビニロン・トウ（長繊維）およびステープル（短繊維）製造は着手1年後の1950年10月に運転を開始した。それが全運転に入ったのは1951年3月だったが、まもなく第2期工事が施

行され、1952年2月に両工場とも日産8tとなり、倉敷工場も日産2tとなった。

　1953年4月2日に合成繊維5カ年計画が次官会議で決定された。これは、5年後に合成繊維年産1億ポンドを目標とするものであった。そのための具体的措置として次のような施策が行なわれた。まず第1に需要の喚起が大きくとりあげられた。当時年間1,650万ポンドと推定される官公庁（保安隊、国鉄、郵政など）の需要の場合

　　①現在使用中で好成績なものは全面的に使用するようにする。
　　②現在まだ使用されていないものについては、性能試験および試用して、良好なものは規格を決定採用する。
　　③これらによって順次可及的速やかに合成繊維に使用転換するという方策がとられることになった[3]。

この合成繊維5カ年計画に基づいて第3期から第5期の増設が行われた。岡山工場は1955年6月日産13t、1956年2月同18t、1957年1月同35tとめざましい増設がつづき量産態勢が確立した。

　当然、生産量は1951年1,892t（うち倉敷工場355t）、1953年2,913t、1955年5,327t、1957年12,259t、と飛躍的に増大した。1954年頃から均一な高重合度ポリビニル・アルコールが製造され始めたことによって、ビニロン紡績糸の強力は急速に上昇し、水産国として膨大な需要を持つ漁網分野への飛躍的進出が可能となり、それを契機に工場規模も1956年には当初計画された経済単位日産20tに到達した。

　倉レではビニロンの品質および生産費は資源から商品にわたる全行程に関連するもので一貫した生産技術の確立が必要であるとして、とくに原料部門を包含して工業化を推進した。

　次に東レのナイロンの状態をみると、1949年、6月中旬に本部合成繊維部を新設し、合成課、加工課、工務課、実験課をもってナイロンの製造・研究・工務など一切の技術的部門を包含し、ナイロンの工業化を促進することになった。まず滋賀工場内のナイロン樹脂日産1.05t設備およびテグス、フィラメント糸日産0.06t設備をナイロン繊維日産1t設備へ改修、増設することになり、翌1950年3月末にはこの繊維日産1t設備を完成した。

　カプロラクタム製造工程におけるヒドロキシルアミンの製造には、従来亜硫酸ソーダ、亜硝酸ソーダ、亜硫酸ガスを使用していた。戦後、当社の研究

により、これらの薬品中ナトリウム塩をアンモニア塩でおきかえ、亜硫酸アンモニウム、亜硝酸アンモニウムを用いてラクタムを生成し、オキシム工程、ラクタム工程に使用される硫黄、硫酸の全部とアンモニアの大部分は、すべて硫安として副生する方法に成功した。したがって、ラクタム製造を硫安製造会社と提携して行えば、ナイロン製造に必要な水素、硫酸、アンモニアが利用できる上、副産物はほとんど全部硫安として回収できるから、ラクタムのコスト引下げが可能となり、ひいてはナイロンの大量生産にとって有利となる結論に達した。

かくて1948年初めから硫安製造会社とラクタム製造の提携をするため各方面を打診した結果、6月に至り、東亜合成化学工業株式会社とラクタムの製造供給に関する交渉がほぼまとまり、9月8日同社とラクタム製造に関する契約を締結した。この契約に基づき、東亜合成では直ちにナイロン繊維日産1t分のラクタム製造設備を同社の硫安工場である名古屋工業所に建設することになった。その後同建設工事は順調に進捗し、1949年5月からシクロヘキサノン、9月からラクタムを当社滋賀工場へ供給するようになった。滋賀工場では同年2月に60Dのフィラメント糸、ステープルの生産を開始し、5月以降東亜合成のラクタム設備の完成と相まって、ナイロン繊維生産量は逐次上昇をみるに至った。

1951年4月には、名古屋新工場が完成し、旧レーヨン工場であった愛知工場のナイロン工場への転換が完了した。また同年6月にはデュポン社との技術提携の調印が行われた。ナイロン6の製造方法は、1938年以来の研究により創出した独自の製造方法であり、デュポン社が所有するナイロン特許に抵触するものではなかった。これは1950年6月に行われたGHQ経済科学局の調査によっても、特許侵害の事実のないことが認められている。

しかし東レでは、かねてから
① ナイロン6の工業化に当たって、デュポン社のナイロン特許、特にフィラメント糸の製造工程および編織、染色加工などに関する特許を利用することは、本格的工業生産にとって有利である。
② 我国で遅れている関連機械をアメリカから輸入する場合、デュポン社の了解が必要であること。
③ 化合物特許を認める特許法の実施国に対しては、製造法の異なるナイ

ロンでも輸出上の障害となること。

などの理由から、デュポン社の技術導入が望ましいとの結論に達した。

1952年の後半から日産5t設備によるナイロンの本格的生産に入ったので、生産高は急増をみるに至った。生産数量は1946年（昭和21）7千ポンドであったが、1949年には2万2千ポンドとなり、ついで1950年には21万9千ポンドと急増し、翌1951年は一躍101万3千ポンド、1952年は約倍増して190万9千ポンドとなった。1953年にはいってからは月々増加し、6月には40万6千ポンド、12月には58万4千ポンドとなり、年間460万1千ポンドとなった。

名古屋、愛知両工場におけるナイロン日産5t設備の操業によりナイロンの生産は量、質ともに向上し、販路も開拓されたので、かねて計画してあった通りナイロン設備の第二次増設計画を進め、1952年（昭和27）4月、日産6tの増設に着手した。資金は日本開発銀行からの融資（昭和27年度5億円、昭和28年度5億円）その他をもってまかない、1953年10月にはフィラメント糸日産2t、ステープル日産1tを増設して、日産8t設備となり、1954年4月には日産11t設備を完成した。

その後、ナイロンの需要は引き続き増大する一方であったので、1954、1955年と相ついて増設工事が進められ、1956年3月にはフィラメント日産24t、ステープル日産12t、合計日産36tの設備となった。

しかし、ナイロンの旺盛な需要は、この増設をもってしても到底賄い切れないとの見通しから、一応愛知・名古屋両工場あわせて日産50tまで拡充することとなり、引き続き建設工事が進められた。その後業界の情勢はさらに設備の拡大に向かう気運にあり、当社としても日産50t以上の増設を検討し、1957年1月、1958年度建設工事として、愛知工場のフィラメント糸設備について日産12tの増設を行って50tとし、名古屋工場のステープル日産12tを含めて合計日産62tとすることが決定した。

工事は1957年、1958年の2カ年にわたり実施され、1958年9月、愛知工場での日産50t設備が完成した。また、この間名古屋工場のステープル設備についても増強工事が行われることとなり、1958年9月日産15tとなった。

なおこれまでの愛知工場の設備増設と並行して、設備装置全般にわたってたえず改善が加えられ、第1工場については1954年から1956年末までの間

に逐次すべての改造を完了し、また、引伸機についても、新型式の設備との入替えが行われた。

この間、1953年以降、逐年操業度の向上、品質の安定化の上昇が図られ、生産の増大と相まって大幅なコストダウンを実現された。

もちろんこの間には販売体制の整備、市場開発に多くの努力が払われたことはいうまでもない。

下のグラフには日本における合成繊維の生産量の発展を示す。次頁の表は1956年の合成繊維に関する世界の生産量を示す[4]。日本はこの年、戦後11年目でイギリスを抜き、アメリカに次いで世界第2の合成繊維生産国になっている。また、ビニロンを生産しているのは日本のみであることが特に目立っている。

合成繊維の日本の生産発展

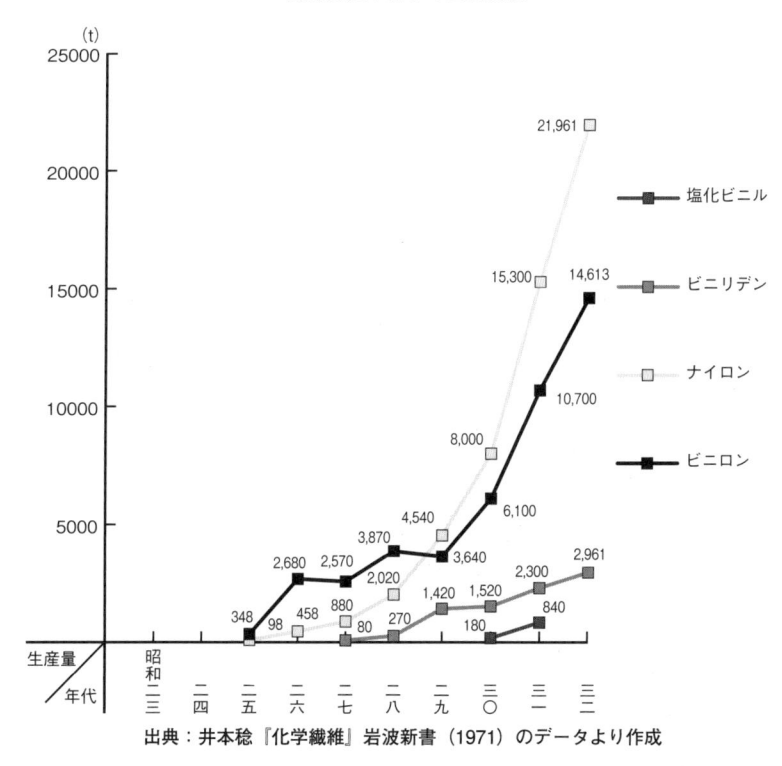

出典：井本稔『化学繊維』岩波新書（1971）のデータより作成

第8章　戦後の日本の高分子化学の発展

1956年度の世界合成繊維生産額 (単位 :1,000t)

	ナイロン	アクリル	ポリエステル	ビニリデン	ビニロン	塩化ビニル	ポリエチレン	注) 他	計
アメリカ	114.0	38.2	13.0	8.1	—	0.91	2.3	*	176.5
日 本	15.4	0.05	—	2.4	10.6	0.4	—	—	28.8
イギリス	13.1	—	7.7	*	—	—	—	*	20.8
フランス	11.2	0.7	0.9	*	—	1.9	—	—	14.7
西ドイツ	10.8	1.9	0.7	0.45	—	—	—	*	13.8
東ドイツ	4.5	0.3	—	—	—	0.7	—	—	5.5
イタリア	7.0	—	0.3	—	—	0.9	—	—	8.2
カナダ	4.5	—	—	1.2	—	—	—	—	5.7
スイス	2.3	—	—	—	—	—	—	—	2.3
オランダ	2.5	*	*	*	—	—	—	—	2.5
スペイン	1.1	—	—	—	—	—	—	—	1.1
ソ 連	1.12	—	—	—	—	—	—	—	1.12
その他									
合 計	200	40〜43	23〜25	12〜13	10.6	5.0	2.3	*	297.5

* 印若干量。注) 他というのはポリスチレン、フッ化エチレン、ポリプロピレンなど。

第2節　絹の凋落

　終戦後1カ年をすぎた1946年8月14日、蚕糸業復興5カ年計画が閣議で決定をみた。占領直後から総司令部が蚕糸業の復興に強い関心をもっていたが、1946年春にマッカーサー元帥の生糸顧問マガニヤー氏が来日するにおよんで、この5カ年計画の立案が急速に進められることになった。当時、マガニヤー氏はアメリカにおける生糸の恒常的消費量を年間22万6,000俵とみこんで、これを目標に復興計画をたてるようにすすめたといわれている。

こうして立てられた5カ年計画によると、5年後の昭和26年には当時17万町歩程度であった桑園を27万町歩に、繭生産量は1,700万貫を3,680万貫に、生糸生産量を15万俵から27万3,000俵にふやすように計画されていた。1946年3月、司令部と日本の生糸関係業者のおおきな期待のうちに、第1回の生糸輸出がアメリカ向けにおこなわれた。そしてこの輸出には戦前および戦時中に生産された生糸のストックがあてられた。

　1946年3月から再開された生糸輸出は、その年の末までに8万6,427俵を輸出した。そのうちアメリカ向けが8万4,475俵であった。当時の生糸輸出に対する見通しは月間1万俵とみこまれ、生産数量がそれに追いつかない現状（1946年3月生産量は5,742俵であった）で、生糸のストックは非常に貴重なものとなり、また輸出に不適格な生糸も輸出絹織物製造にふり向けなければならないというので、1945年9月25日付の指令で生糸、絹糸、絹織物および絹製品のすべてを凍結し、その後は総司令部の特別許可がなければ国内向けには使用できないという方針をとったほどであった。

　ところが、アメリカにおける生糸の売行きは、米国商事会社の第1回秘密入札が1946年7月1日におこなわれたが、その時は最高ポンド当り16ドル50セント、平均9ドル70セントの高値を示し、数量も5,360俵に達した。しかしその後漸次価格は低落し、1947年2月7日の第7回競売では平均4ドル57セントに下がってしまい、1947年6月までの売行きはわずかに3万1,727俵で、当初の思惑からみればひどい売行きの不振であった。このため米国商事会社の生糸手持は急増し、1947年にはアメリカ向けはわずかに4,094俵、総輸出数量1万7,273俵に激減することになった。

　当初22万6,000俵を期待した生糸輸出は前述のように、1946年に8万6,427俵、1947年には1万7,273俵と激減するにおよんで、戦前同様生糸こそ輸出の大宗であるという夢は、無惨にもくずれさった。

　戦前、アメリカは我国の生糸輸出市場として決定的な重要性をもち、その総輸出高にしめる比率は1927年94.1%、1930年95.0%、1932年93.6%と実に9割を上回る高率をしめていた。また同時にアメリカは世界生糸の8割前後を消費する最大の市場でもあった。しかもこの生糸消費は、第1次世界戦争後急速に躍進してきた人絹工業によって、織物部門から婦人靴下部門におおきく市場転換をとげながらも、むしろ増大していったのであった。

第2次世界戦争の勃発によって生糸輸入が途絶したが、絶好のタイミングでナイロンがまた靴下部門に登場した。年々増加の傾向にあったナイロンも一時、落下傘用などの軍需にふりむけられて、婦人靴下部門は人絹だけでまかなわれた時期もあった。だが戦争がおわりナイロンが再び民需にふりむけられるようになるにおよんで、婦人靴下部門はほとんどナイロンによって独占されるにいたった。戦後、日本の生糸がふたたびアメリカの婦人靴下市場を回復しようと、おおきな期待と希望をのせてアメリカに輸出されたのは、まさにこのような状態のときであった。しかも当時の生糸価格が第1回入札ポンド当たり9ドル70セント、翌22年4～5月ごろでも4ドル以上であったのにたいして、ナイロン30デニール10本撚りの1ポンド当り価格は2ドル75セントとはるかに安く、靴下原料としては生糸はナイロンと価格の点だけでも競争できず、しかも強さの点でもとうていたち打ちできなかった。このことはアメリカにおける生糸の総需要量が戦前にくらべてはるかに縮小することを意味している。戦前50万俵におよぶ生糸がアメリカに輸出されていたのに、戦後は7～8万俵も輸出できない市場に変化してしまったのである。

アメリカにおける婦人靴下 生産の推移

(単位:100万ダース)

年次	フル・ファッション				シームレス			
	ナイロン	人絹	絹	その他	ナイロン	人絹	絹	その他
1939	—	0.4	43.2	0.2	—	3.6	0.3	6.5
1940	3.0	0.3	38.4	0.2	—	4.4	5.1	6.2
1941	9.1	1.6	30.4	0.7	0.4	5.7	3.1	6.6
1942	3.6	25.1	3.3	3.0	0.2	7.9	0.1	7.0
1943	—	35.3	0.1	2.4	—	7.4	—	5.6
1944	—	36.3	—	0.3	—	5.2	—	4.2
1945	3.0	31.4	—	0.2	0.2	4.0	—	3.3
1946	26.0	14.0	—	—	2.0	4.0	—	3.0

蚕糸局「渉外資料」による

性能は別にしても価格はナイロンが絹に比べて半値近くであるので全く勝負にならず、性能においても改良を重ねられていたので初期のナイロンよりも性能が向上していた。第4章第3節において1939年のナイロン出現時における多くの知識人の意見を調べた。日本中央蚕糸会参事の林衛氏は「ナイロン恐るべからず」と断言したが、10年を経ずして絹はナイロンに駆逐されてしまった。他の多くの知識人達はナイロンが絹の強敵になることは予想しえたが、これほどの短期間に絹を凌駕することを予想した者は皆無であった。もちろん、太平洋戦争の勃発という大事件はあったにせよ、ナイロン出現からわずか7年でアメリカの女性の靴下がほとんどナイロンにおきかわってしまったのは驚異である。合成繊維の大量生産による価格破壊と性能向上にはいままでの常識を覆すものがあったといえよう。ナイロンのこれほど早い普及は予想されなかったにせよ、いずれは合成繊維の時代が来ると予想して産官学の共同体の財団法人日本合成繊維研究協会を早期に立案し、それを実行に移していった荒井渓吉氏等の先見の明や実行力にはいまさらながらに感嘆せざるを得ない。この機構がなければ、東レのナイロン研究開始はずっと遅れていたであろうし、ビニロンの技術蓄積もなかったであろう。したがって戦後10年を経ずして世界第2位の合成繊維大国になることもなかったであろう。

　次節では、いままで精査してきたナイロン出現から戦後の合成繊維産業の発展をふり返り、ナイロン出現が与えた影響を総括し、結論を出したい。

第3節　結論

　デュポン社のカロザースの超人的努力により1935年、ナイロンが完成し、分子をつなぐことによって分子量が1万を超える高分子が存在することが合成的アプローチによって証明された。これによってシュタウディンガーの高分子説が低分子説を駆逐した。そしてこのナイロンはポリアミドであるので、形状・性質が絹に類似していた。戦前絹は日本の輸出の大宗でありその多くがアメリカに輸出され、婦人の靴下に利用されていた。デュポン社はナイロンの形状・性質からしてこれで絹を駆逐できると考えて、社の総力を上げて

ナイロンの工業化にとりくみ見事に成功させた。これにはデュポン社が蓄積していたレーヨン製造や化学薬品製造のノウ・ハウが100％生かされた。戦前から資源のない我国はパルプから製造できるレーヨンの製造に力を入れ、1937年にはその生産量で世界1の座をしめていた。レーヨン会社の多くは製糸、紡績業から発展したものが多かった。再生繊維であるレーヨンの技術においては我国はトップレベルにあった。また、これらのレーヨン企業や京大や東大のアカデミズムは戦前から化学の先進国であるドイツに多くの留学生を送りだしており、学問的にも相当なレベルであった。このような状況に置かれていた日本にデュポン社のナイロン発売の報が素早く伝えられた。実物が出回るまでは、多くの憶測やうわさが出た。やがて見本品が伝わるが、わずか数mgの試料から正確にナイロンの成分分析を行った京大、東工大や東レ技術陣の技術の高さには驚嘆せざるを得ない。大学人やレーヨン企業の技術者達はこの全く新しい合成繊維の出現に驚かざるを得なかった。石炭と水と空気からつくられたこの繊維はやがては絹をおびやかし、さらにはレーヨンをも窮地に追いこむであろうというのが当時のトップレベルの技術者の共通意見であった。

このような事態にいかに取りくんだらいいのか？　ここに1人の男が登場する。

当時、東大出身で富士紡の若き技師であった荒井溪吉氏である。1大学や1企業が研究するだけでは到底ナイロンのような合成繊維は早急に工業化できないことを看破していた荒井氏は産官学一体の一大研究機構をつくることを決心した。荒井氏はその人脈を生かして企業、官庁、大学に積極的にはたらきかけた。ナイロン出現に危機感を抱いていた企業、官庁のトップはこの動きを利用した。また、民間からの資金援助によって財団法人繊維化学研究所をつくり意欲的に繊維研究にとりくんでいた京大の喜多研究室では、桜田一郎教授を中心にしてこの動きに全面的に協力をした。そして2年後の1941年1月ついに財団法人日本合成繊維研究協会が創設されたのである。これは、荒井氏が始め意図したものよりはゆるやかな産官学の共同研究体となったが日本初のものであった。5カ年にわたり政府は毎年10万円（時価10億円）民間から約30社が総額350万円（時価350億円）を出しスタートを切った。現在から考えてもこの額は相当に大きいものである。東レの研

究陣も財団法人日本合成繊維研究協会の分科会の会合からシュラックのナイロン6の特許を知り、研究に邁進していったのであり、これがなければナイロン6が工業化できたかどうかはあやしいものである。倉レのビニロン研究も、財団法人日本合成繊維研究協会に属するようになった京大喜多研究室や高槻中間試験工場のビニロン研究が生かされている。この財団法人日本合成繊維研究協会設立後、1年もたたないうちに不幸にして日本は太平洋戦争に突入した。戦争末期の1944年には財団法人高分子化学協会と名称が変更され、軍需省化学局の主管に移行し、合成樹脂による軍用資材及び軍用衣料の生産にも協力した。デュポン社のナイロンも戦争中は軍需用にまわされたことを考えるとこれらはいたしかたないことであるが、軍に協力したことによる高分子生産の技術の向上も見落とせないことである。

特筆すべきは財団法人高分子化学協会が世界で初の高分子に関する学術雑誌『高分子化学』を発行したことである。1944年（昭和19）10月に発行され始めている。米国の高分子学術雑誌 *Journal of Polymer Science* の創刊が1946年、ドイツの高分子学術雑誌 *Makromolekulare Chemie* の創刊が1947年でいずれも戦後のことである。戦時中に世界に先がけて高分子学術誌を発行した財団法人高分子化学協会の学問的技術的レベルの高さはもとより、その意気込みの強さがうかがえる。この雑誌は現在に到るまで連綿と続いている。ビニロンは高槻中間試験工場で相当規模に生産され、それに呼応して倉レ、鐘紡でも大規模な中間試験工場がつくられた。ナイロン6も京大小田、目代グループが中規模製造試験を行い、それに呼応して東レにおいても中間試験工場をつくった。これらの民間工場で造られたビニロンやナイロン6の繊維や樹脂は先述のごとく軍需用に使われ、その性能の高さが実証された。

敗戦3年後の1948年10月に経済復興5カ年計画が立てられ、この中に合成繊維が組み入れられ、さらに翌年には「合成繊維工業急速確立に関する件」が省議決定され、合成繊維工業確立のために官民一体で協力しあうことになり、多額の資金援助が行われることとなった。これは、戦前、戦中の財団法人日本合成繊維研究協会、財団法人高分子化学協会の活躍により、ビニロンやナイロン6の大量生産の手前まで、倉レや東レの技術が完成していたことによるのである。また、産官学の財団法人日本合成繊維研究協会がうまく成功したので、これを踏襲、拡張したものとみることもできよう。これらはう

第8章　戦後の日本の高分子化学の発展

まく成就され、1953年にはさらに合成繊維5カ年計画が次官会議で決定された。これによって戦後10年をまたずして、1956年（昭和31）日本はイギリスを抜きアメリカに次いで合成繊維生産高世界第2位に躍進し、高分子大国に成長していくのである。ここで見落としてはならないのは、戦前、戦中の手厚い遺産の上に戦後の我国における合成繊維工業が開花していくのであって、戦後にわかに技術導入によって挿し木されたものではないことである。

　産官学一体の財団法人日本合成繊維研究協会設立前には、京大と関西の化学繊維企業の産学協同体である財団法人日本化学繊維研究所が設立されていた。これはスタンフォード大学とシリコンバレーのエレクトロニクス産業の産学協同体制と類似しており、時期的にも重なっていることは注目に値しよう。またこれらの産学協同体制は戦後の通産省主導のテクノポリス構想と軌を一にしている。そしてこの財団法人日本化学繊維研究所は大学としては京大のみであるが、これが東大、東京工業大学、阪大と拡大し、企業も、全日本の繊維産業のみならず、化学、綿業、油脂、製糸等の周辺産業を含み、さらに、官立の研究所が加わり一大研究機関と発展したのが財団法人日本合成繊維研究協会である。特に重要なのは官つまり国からも多額の補助金が与えられたことである。

　このような産官学の研究機関は戦後は、鉱工業技術研究組合と名付けられ、1952年（昭和27）には、税軽減措置がとられるようになる。具体的には、自動車濾過器工業研究組合（1956年発足）、カメラ工業技術研究組合（1956年）、高分子原料開発技術研究組合（1959年）などがあげられる。しかし、参加メンバーが多くの業種にまたがる場合には、どこか単一の事業者団体が全体を代表することは困難である。そこで補助金の交付にあたっての受け皿となり、かつ共同研究開発を管理運営していく組織と制度の必要性が強く認識され、1961年（昭和36）鉱工業技術研究組合法が制定された。これに伴い、同組合に係る特別償却制度の創設、試験研究用機械設備の特別償却制度の改正なども同時に行われた。この法律は、企業間の共同研究開発を推進、運営していく主体としての技術研究組合の法的性格を明らかにし、効率的な共同研究開発を促進し、当時、欧米の企業と比べはるかに小さな技術開発予算しかもたなかった日本の企業が研究開発のための資源をプールし技術開発力を

強化していくことをねらったものであった。このねらいは、ナイロンショックに端を発した合成繊維の技術開発力の強化と工業化を目ざした財団法人日本合成繊維研究協会の目的とまさに同じものである。つまり、鉱工業技術研究組合の母型がここにある。

　技術研究組合の研究費の重要な部分は政府の財政的な援助がしめた。また、さまざまな政府の補助金、委託費を伴うプログラムを実施する主体、いわゆる「受け皿」として技術研究組合方式が用いられた。このような政府のプログラムとしては、大型工業技術研究開発制度、次世代産業基盤技術研究開発制度、重要技術開発補助金、電子計算機開発促進補助金、石油代替エネルギー技術開発補助金、産業活性化技術研究開発補助金、地域技術活性化事業補助金などがあげられる。1963年には9の技術研究組合が存在したが、この9技術研究組合で政府の全技術開発補助金の21％を使用している。1983年においては44の技術研究組合が実際に研究開発をおこなっていたが、これら44の組合の研究費総額は644億円にのぼり、これはこの年の日本全体の研究費の1.5％にあたる。このうちの328億円（51％）は、政府からの補助等によっている。この技術研究組合への補助等は、政府の技術開発補助金等の46.9％を占めている[5]。

　このように、政府の主要な補助金プログラムに参加し助成をえるために、企業は技術研究組合に参加もしくはこれを結成するようになった。特定の企業ではなく、技術研究組合という組織に助成をおこなう方法は、政府助成の公的な性格を重視する政府にとって望ましいものであったわけである。

　技術研究組合における実際の研究開発は、主として次の2つの方法によっておこなわれる。第一は、技術研究組合が独自に研究所を設置し、そこにメンバー企業の研究者や国公立の研究所からの研究者が集まって共同で研究をおこなう、という方法である。第二は、共同研究の研究課題をいくつかのサブ・テーマに分割し、これを各企業に割り振り、各企業は与えられたテーマについて自社の研究所で研究開発をおこなう、という方法である。この第二の場合、メンバー企業は定期的に会合をもちそれぞれの研究成果を発表しえられた知見を共有する。この第一の方法は、財団法人日本合成繊維研究協会の高槻中間試験工場がこれに該当している。また、第二の方法は、財団法人日本合成繊維研究協会が8分科会を設け各企業、大学、官立試験所に割り振っ

たのと同じ方法である。つまり、技術研究組合の研究開発方法は、財団法人日本合成繊維研究協会の研究方法の模倣といえるぐらいに類似しているのである。また、技術研究組合のもつもう一つの特色は、研究が成功した後、もしくは、その技術的課題の解決が当面、困難だと判断された場合には、解散されることである。これまでのところ、研究期間は平均して7〜10年程度である。これにより、参加する企業は、特定の技術研究組合に長期にわたって資金と研究者の供給を続けねばならないという懸念から解放される。財団法人日本合成繊維研究協会も、設立時には研究期間を一応3年と決めて長期の資金と研究者の供給を嫌った点も一致している。さらに企業が技術研究組合と並行して独自の研究をすすめてもよいわけでこの点も財団法人日本合成繊維研究協会と一致している。このようにみてくると、現在の日本を技術立国にならしめた原動力ともいえる鉱工業技術研究組合の母型がまさに財団法人日本合成繊維研究協会であることがよくわかる。

　鉱工業技術研究組合の主要なものとしては次のようなものがある。

1960年代‥‥‥‥　光学工業技術研究組合と電子計算機技術研究組合、その他、繊維、包装材料、鋳物、石灰等の技術研究組合。
1970年代‥‥‥‥　IBMのコンピューターに対抗するための、富士通と日立、三菱と沖、日本電気と東芝が提携した、3つの電子計算機技術研究組合、原子力製鉄技術研究組合、総合自動車安全・公害技術研究組合、ジェットエンジン技術研究組合、その他、自動車部品、医療機械、環境問題、エネルギー、交通管制、医療等の技術研究組合。
1980年代以降‥‥　超LSI技術研究組合、第五世代コンピューター開発プロジェクト技術研究組合、国際ファジィ工学研究所技術研究組合、その他、化学、非鉄分野など構造不況業種による技術研究組合。

　次に鉱工業技術研究組合法成立（1961年）以降の産業別・年次別技術研究組合設立数は次表のようになる。

	1961～65	1966～70	1971～75	1976～80	1981～85	1986～90	計
化学・石油精製	2		2	4	9		17
繊維	2			2	1	5	
鉄鋼	3	2		1	2		8
非鉄金属・新素材	1		1		5		7
コンピューター・情報	1		9	3	2	1	16
一般機械・精密機械	1		2	3	5	3	14
輸送用機械			2	3		1	6
紙・パルプ					1		1
その他	2		1	2	8	9	22
合　　計	12		19	15		17	96

(資料)　鉱工業技術研究組合懇談会（1991）

　上表でわかるように多くの産業分野で産官学の協同体ともいえる鉱工業技術研究組合がつくられたわけであるが、この母型が合成繊維分野における財団法人日本合成繊維研究協会であったわけであり、この方式がほぼ全産業に応用されたといえよう。

　高分子産業は日本近代産業のトップを切って世界的規模に成長した。そしてこの礎を築いたのが、日本初の産官学共同体の財団法人日本合成繊維研究協会であった。この協会の設立の端緒となったのがカロザースのナイロン発明であった。この合成繊維ナイロンに当時の日本の主要産業であったレーヨンさらには製糸、紡績を含めた繊維産業の存亡の危機を人一倍感じたのが荒井溪吉氏であった。もちろん当時は太平洋戦争の前夜であり、ナショナリズムの高揚もあったことは想像に難くない。荒井氏の行動力がなければ財団法人日本合成繊維研究協会はおそらく成立していなかったであろうことは否定できないことである。

　しかしここで我々は荒井氏の行動を可能にした背景を今一度考えてみる必要がある。荒井氏は、一中、一高、東大という当時のエリートコースを歩いてきた人物であり、官僚に同級生や知り合いが多かったことがまずあげられ

第8章　戦後の日本の高分子化学の発展

る。例えば商工省の美濃部洋次氏や大蔵省の迫水久常氏などである。また、東大出身で母校の非常勤講師を務めたこともある荒井氏は東大の教師にも知己が多かったことも幸いしている。財団法人日本合成繊維研究協会では中間試験場は高槻中間試験場のみであり、東京にはつくられていない。またビニロン研究は京大の桜田氏のグループが圧倒的に他大学をリードしていた。当時は学閥がまだ色濃く残っていた時代であり京大を中心とした研究内容には東大グループは当然色よく思うはずはないと思われるが、荒井氏が東大グループを納得させるには彼の東大内における知己の多さが力を発揮したと考えられよう。そして、もう一つは彼の当時の大紡績会社の富士紡績大阪駐在員という立場である。東京出身である彼が繊維産業の先進地である関西に来たことによって京大の桜田教授や阪大の呉教授と知り合いになれ、ナイロン分析を依頼するなどしているうちに産官学一体の合同研究機関の考えがまとまっていったと考えられる。また、鐘紡の津田信吾社長を筆頭に関西の主要繊維企業の有力者と知り合いになっていたことも事を運ぶのにうまくはたらいた。以上みてきて気付くことは、財団法人日本合成繊維研究協会設立のキーマンである荒井氏のパーソナル・コミュニケーションの大きなひろがりと親密さである。つまりある目的を実行するとき、一人で行うことは不可能であり、多くの人々の協力が必要であるが、この伝達過程における人間のつながりと信頼がいかに重要であるかが荒井氏をみているとよくわかる。生前の荒井氏を知る人達は荒井氏について共通して次のことをいう。

①人の話をよく聞いてくれ、親切である。
②情熱的であり、理想を常に抱いている。
③決して怒らない。
④行動力がある。

このような荒井氏のパーソナリティーがその交友関係の広さをつくりだしたことも否めない。

財団法人日本合成繊維研究協会のような1つの制度、機関をつくりだすとき、強力なコンセプトを持ったキーマンがどうしても必要であり、そのコンセプトが重要な事は言うまでもないが、そのキーマンのパーソナル・コミュニケーション、人的つながりがいかに重要であるかが荒井氏の例を通してよくわかる。

カロザースのナイロン発明は日本の輸出の大宗であった絹を壊滅させた。しかし見方を変えればこの発明は荒井氏をして産官学の協同体である財団法人日本合成繊維研究協会をつくらしめ、これが日本のビニロンとナイロン6を創造したのである。そして戦後、この共同体が残した遺産を受け継ぐことによって、これらの大量生産が可能になり、日本が合成高分子大国にのしあがったのである。さらにこの産官学の共同体の形式が鉱工業技術研究組合として他産業にも応用され、日本は世界1、2位を争う工業国家になりえたのである。

　つまり、カロザースのナイロン発明とその工業化こそは、現在の高分子王国日本をつくった源であり、さらにひいては現在の技術立国日本の源なのである。そしてその間に財団法人日本合成繊維研究協会が存在するのである。

　明治維新前夜、黒船が来襲し日本を混乱させたが、坂本竜馬の活躍によって明治政府が樹立し、日本が近代国家への道を歩んだように、太平洋戦争前夜、カロザースのナイロン発明が来襲し、日本を混乱させたが荒井溪吉氏の活躍によって産官学一体の財団法人日本合成繊維研究協会が設立され、戦後この形式が鉱工業技術研究組合として定着し、日本を世界に誇る工業立国に導いたと言っても過言ではないであろう。

　最後に日本が合成繊維立国、高分子立国として成功した要因をまとめておきたい。

　①産業基盤の充実
　　太平洋戦争前、再生繊維であるレーヨンの生産高が1936年（昭和11）には世界第1位、レーヨンの短繊維であるスフの生産高も1938年（昭和13）には世界第1位となり、日本の繊維産業には技術面で多くの蓄積があり、このノウ・ハウが合成繊維製造に役立ち、技術が流用できた。

　②化学技術の水準の高さ
　　戦前から、化学技術先進国であるドイツ等に大学や企業から多くの人材を派遣しており、日本の化学技術のレベルは世界のトップレベルにあったので合成繊維の出現にも十分対応できる人材、設備、技術が存在していた。わずか数mgの試料からナイロンの構造を決定した京大等の例や分析後すぐにナイロンの合成や紡糸を行った東レ等の例をみ

れば我国の技術の高さは明白であろう。
③産官学の先駆的協同体制

　ナイロン出現により今後合成繊維の時代が来ることを繊維産業の経営者、技術者また官庁のトップは看破していた。時代的にも戦争前夜で挙国一致的な気運が整いつつあった上に大学にも産学協同体である財団法人日本化学繊維研究所が既に京大内に設立されており、産官学協同組織を受けいれる下地が十分熟していた。

④人間・情報ネットワークとキーパーソン

　企業、官庁、大学間に多くのネットワークとパーソナルコミュニケーションを持つコーディネーターとしての荒井渓吉氏のような行動力を持つ人物が出現した。

⑤十分な資金力

　繊維産業にはレーヨン等で蓄積した資金力が十分にあり、産官学一体の財団法人日本合成繊維研究協会に十分な資金提供が可能であった。

⑥財団法人日本合成繊維研究協会の成功と技術研究組合の先駆的役割

　財団法人日本合成繊維研究協会が十分に機能を果たし、太平洋戦争敗戦時には、ナイロン6、ビニロンにおいては大量生産直前の状態までになっていた。

⑦戦後の輸出政策

　戦後、輸出産業としての蚕糸業が、ナイロンによって壊滅したことにより、輸出産業として合成繊維がクローズアップされGHQの後押しもあり、合成繊維育成政策がとられた。以後財団法人日本合成繊維研究協会の産官学一体の路線が引きつがれ、鉱工業技術研究組合がつくられた。

次頁にいままでみてきた発展の流れをフローチャートにして本書をしめくくりたい。

1935年（昭和10年）	カロザースのナイロン66の発明
	↓
1936年（昭和11年）	京大内に財団法人日本化学繊維研究所設立
	↓
1938年（昭和13年）	デュポン社のナイロン66の工業化決定発表
	↓
	日本の製糸工場、レーヨン工場危機感を募らせる
	↓
	荒井溪吉氏を中心にして産学官の共同研究組織創立の運動
	↓
1940年（昭和15年）	アメリカでナイロンによる靴下発売
	↓
1941年（昭和16年）	財団法人日本合成繊維研究協会設立
	↓
1941年（昭和16年）	太平洋戦争勃発
	↓
1942年（昭和17年）	ビニロン（高槻中間試験工場、倉レ、鐘紡のパイロットプラントで生産）
	ナイロン6（京大の中規模製造試験、東レのパイロットプラントで生産）
	↓
1943年（昭和18年）	鐘紡はビニロンを軍需用に製造
	東レはナイロンを軍需用に製造
	↓
1944年（昭和19年）	財団法人高分子化学協会に改名
	↓
1944年（昭和19年）	世界初の高分子化学雑誌『高分子化学』創刊
	↓
1945年（昭和20年）	敗　戦
	↓
1948年（昭和23年）	経済復興5カ年計画に合成繊維が組み入れられる
	↓
1949年（昭和24年）	「合成繊維工業急速確立に関する件」が商工省議決定
	↓
1953年（昭和28年）	合成繊維5カ年計画が次官会議で決定
	↓
1956年（昭和31年）	合成繊維生産量イギリスを抜きアメリカに次いで2位に躍進

文　献

1) 加子三郎「『合成繊維工業の育成』の勧告が出た頃」、『化繊月報』、化繊月報刊行會、1968年10月号、54-57頁。
2) 『合成繊維産業の概況について』通商産業省繊維局絹化繊課、1952年。
3) 『合成繊維産業育成対策と昭和29年度における現状』、通商産業省繊維局絹化繊課、1955年。
4) 井本稔『化学繊維』、1971年、岩波書店、98-99頁。
5) 鉱工業技術研究組合懇談会編『鉱工業技術研究組合30年の歩み』、日本工業技術振興協会、1991年、80頁。

東レのナイロン開発については次のものを全体として参考にした。
　　『東洋レーヨン社史』、社史編集委員会編、1954年。
　　『東レ50年史』、社史編集委員会編、1977年。
　　山岸仁三郎「ナイロン創業期の思い出」、『化繊月報』、化繊月報刊行會、1968年10月号、66-67頁。
　　星野孝平「アミランの発明より工業化まで」、『東邦経済』、東邦経済社、1951年4月号、4-7頁。
　　―――「ナイロンの研究から工業化まで」、『化繊月報』、化繊月報刊行會、1968年10月号、64-65頁。
　　―――「ナイロン6の開発の経過を顧み」、『日化協月報』、日本化学工業協会、1968年4月号、6-11頁。

倉レのビニロン開発については次のものを全体として参考にした。
　　渡辺一郎「ビニロン開発の苦心」、『化繊月報』、化繊月報刊行會、1961年9月号、60-61頁。
　　倉敷レイヨン資料部編「ビニロン年表」、『高分子加工』、高分子刊行会、1960年3月号、10-11頁。
　　大杉鉄郎「ビニロン工業化の思い出」、『化繊月報』、1968年10月号、62-63頁。

本章の全般にわたっては次のものを全体として参考にした。
　　後藤晃『日本の技術革新と産業組織』、東京大学出版会、1993年、85-110頁。
　　斎藤優『技術開発論』、文眞堂、1988年、219頁。
　　武田晴人編『日本産業発展のダイナミズム』、東京大学出版会、1995年、254-261頁。
　　野原陽一「合成繊維産業育成対策の思い出」、『化繊月報』、化繊月報刊行會、

1961 年 10 月号、70-73 頁。
牧原犬治「合成繊維漁網網発展の思い出」、『化繊月報』、化繊月報刊行會、1961 年 10 月号、107-109 頁。
田中 穰「日本繊維産業の将来」、『化学経済』、化学経済研究所、1965 年 5 月号、68-71 頁、同 6 月号、71-75 頁。
――――「合繊企業の経営戦略」、『化学経済』、化学経済研究所、1965 年 6 月号～1967 年 8 月号（連載）。
相馬順一「高分子化学研究のあけぼの」、『高分子加工』、高分子刊行会、1975 年 9 月号～1976 年 10 月号（連載）。
『日本化学繊維産業史』、日本化学繊維協会、1974 年。
『日本繊維産業史（各論編、総論編）』、繊維年鑑刊行会、1958 年。

あとがき

　デュポン社のカロザースのナイロン発明に対抗して、財団法人日本合成繊維協会で京都帝国大学教授の桜田一郎教授等により開発されたビニロンは、1970年を境に生産量が低迷した。その理由の一つは、耐熱水性や染色性が劣ることから、衣料分野から敬遠されたことによる。しかし1990年より増加に転じ、現在のビニロンの生産量は80万tであり、そのうちビニロン繊維としては10万tである。3大合成繊維であるポリエステルの1200万t、ナイロンの390万t、アクリルの240万tにと比較すると、比較的規模の小さい合成繊維の地位にとどまっている。しかしビニロンはナイロンやポリエステルなどの汎用繊維の中では最も高強度、高弾性率を有し、さらに耐候性、親水性、接着性、対アルカリ性などに優れることから特定産業資材分野では一定の確固たる地位を築いている。アルカリ乾電池部品、魚網、農業用防虫ネット、工業用ベルト、ホースなどである。1990年よりビニロンの生産が伸びた理由は、1989年にWHOが青石綿と茶石綿の全面使用を勧告し、1991年にECがそれらを全面禁止（日本では1995年に全面禁止）、さらに2005年にEUで白石綿を含む全石綿が禁止（日本では2006年全面禁止）され、石綿の代替品として建材などに入れるビニロン需要がヨーロッパで急増しているからである。今後日本でもアスベスト代替品としてビニロン需要が急増していくであろう。現在日本でビニロンを生産している企業は、クラレ、ユニチカ、ニチビの3社のみであるが、日本のビニロン製造シェアは世界の80%を超えている。ビニロン発明60年にして日本の技術が再評価されているのである。

　最後に、本文では触れなかったがナイロン「NYLON」の名称は「NOT RUN」（RUNはストッキングの伝線の意味）つまり「伝線しない」が語源

になっていることが当時の重役会議事録から明らかになっていることを付け加えておく。

　本書は、1996年の筆者の博士論文がベースになっており、ご指導賜った大阪府立大学金子務名誉教授、山口義久先生、花岡永子先生など諸先生方に改めて御礼申し上げます。また、出版をお引き受けくださった関西学院大学出版会の皆様に厚く感謝いたします。

　　2006年春

　　　　　　　　　　　　　　　博士（学術）　理学博士　井上尚之

年　表　(1920～1956)
大正9　昭和31

年代	合成繊維等に関する事項	一般事項
1920（大正9）	シュタウディンガー　高分子に関する研究に着手。	日本社会主義同盟結成
1924（大正13）	ヘルマン　ポリヴィニルアルコールを開発。	第二次護憲運動
1925（大正14）	シュタウディンガー　スイス、チューリッヒの化学会で巨大分子説発表。	治安維持法
1926（昭和1）	スベドベリ　超遠心機でタンパク質の分子量測定開始。	
1928（昭和3）	カロザース　デュポン社入社（2月）。	不戦条約調印
1930（昭和5）	カロザース　スーパーポリマー（脂肪族ポリエステル）開発（4月）。	昭和恐慌
1935（昭和10）	・カロザース等ナイロン66開発（2月） ・倉敷絹織（株）合成繊維に関する調査研究開始（10月）。	国体明徴声明
1936（昭和11）	京大内に財団法人日本化学繊維研究所設立（8月）。	二・二六事
1937（昭和12）	カロザース自殺（4月）。	盧溝橋事件：日中戦争
1938（昭和13）	・シュラック　ナイロン6開発（1月）。 ・東洋レーヨン（株）合成繊維研究開始（10月）、ナイロン試料を三井物産ニューヨーク支店より入手(年末)。 ・鐘淵紡績（株）ニューヨーク駐在員よりナイロン試料を入手（年末）。	国家総動員法

年代	合成繊維等に関する事項	一般事項
1939（昭和14）	・京大桜田一郎教授 X 線によりナイロンを分析し構造決定（1～2月）。 ・東京工大星野敏雄助教授等加水分解法によりナイロンの構造決定（1～2月）。 ・東洋レーヨン（株）星野孝平氏加水分解法によりナイロンの構造決定（2月）。 ・東洋レーヨン（株）ナイロンの乾式紡糸に成功（7月）。 ・京大桜田教授、李升基氏合成一号開発（9月）。 ・鐘淵紡績（株）ポリヴィニルアルコール繊維の特許出願（12月）。 ・東洋レーヨン（株）ナイロンの溶融紡糸に成功（12月）。	ノモンハン事件 日米通商航海条約破棄通告
1940（昭和15）	・鐘淵紡績（株）耐水性ポリヴィニルアルコールを「カネビアン」の商標をつけて発表（1月）。 ・デュポン社ナイロン製ストッキング売出す。500万足即日完売（5月15日）。 ・京大桜田教授、李氏等乾熱法による合成一号B開発（6月）。 ・財団法人日本合成繊維研究協会設立の基本方針が商工大臣邸で決定（初夏）。 ・倉敷絹織（株）、岡山工場内研究所にポリヴィニルアルコール及び繊維日産10kgの中間試験設備を設置（10月）。 ・ドイツ I. G. 社のカプロラクタム重合のイタリア特許を京大の小田教授のもとに研究に来ていた東洋紡の目代渉氏が発見し、カプロラクタムの研究開始（年末）。	北部仏印進駐 日独伊三国同盟成立 大政翼賛会発足 大日本産業報国会結成

年代	合成繊維等に関する事項	一般事項
1941（昭和16）	・財団法人日本合成繊維研究協会設立(1月)。 ・財団法人日本合成繊維研究協会の第1分科会で京大の小田教授がI.G.社シュラックのナイロン6特許を紹介、これにもとづいて東洋レーヨン（株）が蝋燭式溶融紡糸機でナイロン6の紡糸に成功 (5月)。 ・鐘淵紡績（株）カネビアン工場完成、月産2～3tの生産開始(12月)。	日ソ中立条約締結 南部仏印進駐 ハワイ　真珠湾攻撃 太平洋戦争（～45）
1942（昭和17）	・財団法人日本合成繊維研究協会の高槻中間試験場予備操業開始 (2月)。 ・高槻中間試験所「羊毛様合成一号製造工場計画書」作成(9月)。 ・東洋レーヨン（株）ナイロン6をアミランと命名し商標登録(10月)、ナイロン66及ナイロン6各日産5kgの試験工場完成(12月)、アミランテグスを「東洋合成テグス」の名称で市販(12月)。	翼賛選挙 ミッドウェー海戦
1943（昭和18）	・高槻中間試験場2月15日～3月16日昼夜連続運転でビニロン850kg生産。 ・鐘淵紡績（株）カネビアンの防寒シャツ、靴下、手袋各800着満州駐屯陸軍に配布、和歌山沖にてポリヴィニルアルコール皮膜を肉袋とする油槽袋船曳行試験に成功 (3月)。 ・財団法人日本合成繊維研究協会第1分科会技術委員が東レの試験工場視察 (4月)。 ・京大小田教授、目代氏「ナイロン中規模製造試験」発表 (5月)。 ・東洋レーヨン（株）合成テグスの生産を中止し海軍航空技術廠にナイロン6樹脂を納入開始 (9月)。 ・倉敷絹織（株）ビニロン日産200kgの工業化試験工場完成(12月)。	ガダルカナル撤退 大東亜会議 学徒出陣

年代	合成繊維等に関する事項	一般事項
1944（昭和19）	・財団法人日本合成繊維研究協会の名称を財団法人高分子化学協会と改称し軍需化学局の主管に移行（3月）。 ・東洋レーヨン（株）ナイロン6樹脂日産50kg設備が滋賀工場内第二工場二階に完成（11月）。	サイパン島陥落 本土爆撃本格化
1945（昭和20）	・東洋レーヨン（株）ナイロン樹脂日産1tの合成工場が完成（3月）。 ・倉敷航空化工（株）（旧倉敷絹織（株））岡山工場内のビニロン試験工場を戦災により全焼（6月）。	東京大空襲 ポツダム宣言受諾
1946（昭和21）	・合成一号公社設立（旧高槻中間試験工場）（11月）。	金融緊急措置令
1947（昭和22）	・三菱レイヨン（株）大竹工場にてビニロンテグス生産開始（12月）。	独占禁止法
1948（昭和23）	・倉敷絹織（株）ビニロン一貫生産のための日産200kgの試験設備運転開始（4月）。 ・日本レイヨン（株）宇治工場内に月産1tのナイロン6の中間試験場建設（7月）。 ・経済安定本部資源委員会の中に繊維部会を設立するための準備会開催（8月）。 ・経済復興5カ年計画に合成繊維が組み入れられる（10月）。	極東国際軍事裁判判決 経済安定九原則
1949（昭和24）	・商工省議により「合成繊維工業の急速確立に関する件」が決定、ナイロンとビニロンそれぞれ1社を選び、集中生産することになり、東洋レーヨン（株）及び倉敷レイヨン（株）（旧倉敷絹織）が該当社に決定（5月）。 ・合成一号公社、社名を日本ビニロン（株）と変更（7月）。 ・倉敷レイヨン（株）倉敷工場ビニロン設備を1tに拡張（10月）。	ドッジ＝ライン 単一為替レート決定（1ドル＝360円）

年代	合成繊維等に関する事項	一般事項
1950（昭和25）	・東洋レーヨン（株）滋賀工場でナイロン6繊維日産1t設備完成（3月）。 ・日本ビニロン（株）解散、社員は大日本紡績（株）に移籍（6月）。 ・倉敷レイヨン（株）富山工場、岡山工場（日産各5t）運転開始（10月）。	総評結成 レッドパージ
1951（昭和26）	・東洋レーヨン（株）名古屋新工場完成、旧レーヨン工場の愛知工場のナイロン工場への転換完了（4月）、デュポン社と技術提携（6月）。 ・財団法人高分子化学協会の名称を社団法人高分子学会に変更（12月）。 ・鐘淵紡績（株）淀川工場のカネビアン日産2tに増設（12月）。	サンフランシスコ 平和条約 日米安全保障条約調印
1952（昭和27）	倉敷レイヨン（株）富山工場、岡山工場各日産8tに拡張、倉敷工場日産2tに拡張（2月）。	日米行政協定 平和条約発効 IMF加盟
1953（昭和28）	・合成繊維5カ年計画次官会議で決定（5月）。 ・この5カ年計画にもとづいて各社増設。	奄美大島返還
1954（昭和29）	鐘淵紡績（株）カネビアンの生産中止（12月）、ポリアクリロニトリル系合成繊維の試作開始（8月）。	自衛隊発足
1956（昭和31）	・東洋レーヨン（株）ナイロン6日産36tに増設。・倉敷レイヨン（株）ビニロン日産20tに増設。 ・この年合成繊維の生産高、イギリスを抜き、アメリカについで世界第2位に躍進。	日ソ共同宣言 国連加盟

文献一覧

本書にあたって参考にした文献を外国の論文、著作については著者のアルファベット順に並べた。日本の論文、著作については、著者の50音順に並べた（社史などで著者がいないときは書名に従った）。

外国文献

Adams, R., "Biographical Memoir of Wallace Hume Carothers, 1896-1937," *National Academy of Sciences, Biographical Memoirs*, 20 (1939).

Brunnschweiler, D., *Polyester, 50 years of Achievement*, ed. D. Brunnschweiler, John Hearle (State Mutual Book & Periodical Service, Limited, 1993): 239.

Carothers, W. H., *Collected Papers of Wallace Hume Carothers on High Poly-meric Substances*, ed. Herman F. Mark and G. Stafford Whitby (New York:Inter-science Publishers, Inc., 1940).

Carothers, W. H. & Berchet, G. J., "Amides from ε-Aminocaproic acid," *J. Amer. Chem. Soc.*, 52 (1930): 5289-5291.

Covey, E. J., "Roger Adams," *American Chemistry-Bicentennial*. (Proceedingsof Robert A. Welen Foundation Conferences on Chemical Research, XX), ed. W. O. Milligan (Houston, Texas: The Robert Welch Foudation, 1977): 204-228.

Dutton, W.S., *Du Pont-One Hundred and Forty Years* (New York:Charles Sgribner's Sons, 1951).

Fischer, E., "Synthese von Depsiden, Flechtenstoffen und Gerbstoffen," *Ber. dt. chem. Ges.*, 46 (1913): 3253-3289.

Frey-Wyssling, A., "Frühgeschichte und Ergebnisse der submikroskopischen Morphologie," *Mikroskopie*, 19 (1964): 2-12.

Frukawa, Y., *Staudinger, Carothers, and the Emergence of Macromolecular Chemistry*, Ph.D. dissertation, University of Oklahoma (Ann Arbor, Michigan: University Microfilms International, 1983).

Harries, C. R., "Abbau und Konstitution des Parakautschuks vermittelst Ozon," *Ber. dt. chem. Ces.*, 37 (1904): 2708-2711.

Hill, J. W., "Wallace Hume Crothers," in *American Chemistry: Bicentennial* (Proceedings of the Robert Welch Foundation Conferences on

Chemical Research, XX), ed. W. O. Milligan(Houston, Texas: The Robert Welch Foundation, 1977): 232-251.

Hounshell, D. A. & Smith, Jr. J. K., *Science and Corporate Strategy, Du Pont R & D, 1902-1980*, (Cambridge University Press, 1988).

Bolton, E. K., "Development of Nylon," *Industrial and Engineering Chemistry*, 34 (1942): 53-58.

Meyer, H. K., & Mark, H., "Über den Bau des krystallisierten Anteils der Cellulose," *Ber. dt. chem. Ces.*, 61 (1928a): 593-614.

——— "Über den Aufbau des Seiden-Fibroins," *Ber. dt. chem. Ges.*, 61B (1928b): 1932-1936.

——— *Der Aufbau der hochpolymeren organischen Natur-stoffe*, (Leipzig, 1930).

Nelson, J. L., "Roger Adams," *J. Amer. Chem.* Soc., 91 (1969): a-d.

Shrolli, W., "Nylon6 in Man-Made Fibers," *Science and Technology*, 2 (1968): 229.

Smith, J. K. & Hounshell, D. A., "Wallace Hume Carothers and Fundamental Research at Du Pont," *Science*, 229 (1985): 346-442.

Staudinger, H., "*Arbeitserinnerungen*," (Heidelberg, 1961): 79,85.

——— "Die Chemie der hochmolekularen organischen Stoffe im Sinne der Kekuleschen Strukturlehre," *Ber. dt. chem. Ges.*, 59 (1926): 3019-3043.

Tarbell, D. S. & Tarbell, A. T., *Roger Adams: Scientist and Statesman* (Washington, D.C.: Amercain Chemical Society, 1981).

国内文献

荒井勝子編『荒井溪吉遺稿　戦時追憶の記』、1987年、34-35頁。
荒井溪吉「高分子学会10年に思う――学会設立までの経緯と現実」、『高分子』、高分子学会編、1962年11月号、728-732頁。
―――「第三次繊維革命に直面す」、『ナイロン』、177-205頁。
―――「日本における合成繊維研究開始のはじめ」、『化繊月報』、化繊月報刊行會、1968年10月号、35-36頁。
井本　稔『化学繊維』、1971年、岩波書店、98-99頁。
植村幸生『科学技術政策論』、労働旬報社、1989年、79-109頁。
江口朴郎編『世界の歴史』第14巻、1969年、490頁。
大杉鉄郎「ビニロン工業化の思い出」、『化繊月報』、1968年10月号、62-63頁。
大原総一郎『化学繊維工業論』、東京大学出版会、1961年。
『大平総理の政策研究報告書第二巻（田園都市国家の構想）』、大蔵省印刷局、1980年、147-149頁。
奥田平「回顧20年」、『高分子』、高分子学会編、1961年1月号、17及び37頁。
―――「合成繊維研究協会設立前後」、『化繊月報』、化繊月報刊行會、1968年10月号、37-40頁。
小野勝之『デュポン経営史』、日本評論社、1986年、266頁。
W. H. A. カー、森川淑子訳『デュポン――現代産業の魔術師』、河出書房新社、1969年。
『科学知識』、（財）科学知識普及会、1939年、第19巻第5号、34-39頁。
『化学評論』、化学評論社、1934年、第6巻8号、409-419頁。
加子三郎「「合成繊維工業の育成」の勧告が出た頃」、『化繊月報』、化繊月報刊行會、1968年10月号、54-57頁。
揖西光速編『現代日本産業発達史第11巻「繊維」（上）』、交詢社出版局、1964年。
『鐘紡百年史』、鐘紡株式会社社史編纂室、1988年、638頁。
上出健二『繊維産業発達史概論』、日本繊維機械学会、1993年。
印牧直文『シリコンバレー・パワー』、日本経済新聞社、1995年、53-55頁。
川上　博「ビニロン外史 "合成一号B" 時代（1）、（2）」、『高分子加工』、高分子　刊行会、1969年5月号、26-31頁；同6月号、47-50頁。
岸武八「ナイロン所感」、『ナイロン』、168-71頁。
北澤孝一「製糸業者の立場よりナイロンを観て」、『ナイロン』、214-217頁。
倉敷レイヨン資料部編「ビニロン年表」、『高分子加工』、高分子刊行会、1960年3月号、10-11頁。

呉祐吉「合成繊維の新展開を前にして」、『ナイロン』、122-126頁。
鉱工業技術研究組合懇談会編『鉱工業技術研究組合30年の歩み』、日本工業技術振興協会、1991年、80頁。
『合成繊維産業育成対策と昭和29年度における現状』、通商産業省繊維局絹化繊課、1955年。
『合成繊維産業の概況について』通商産業省繊維局絹化繊課、1952年。
『高分子』、高分子学会編、1965年10月号、1045-1046頁。
後藤晃『日本の技術革新と産業組織』、東京大学出版会、1993年、85-110頁。
小原亀太郎「ナイロン瞥見」、『ナイロン』、47-54頁。
─── 「Nylonの顕微鏡的観察」、『ナイロン』、55-69頁。
斎藤優『技術開発論』、文眞堂、1988年、219頁。
桜田一郎『化学の道草』、高分子刊行会、1979年、203-205頁。
─── 『工業化学概論 中巻』、丸善、1952年。
─── 『高分子化学とともに』、紀伊國屋書店、1969年、77頁、90-91頁、93-94頁、108-110頁。
─── 「高分子化学夜明けの道──40年の歩み」『自然』、中央公論社、1968年5月号、26-31頁；同6月号、32-37頁。
─── 「純合成繊維とナイロン」、『ナイロン』、1-41頁。
─── 『繊維化学教室から』、文理書院、1943年、279-283頁。
─── 『繊維・放射線・高分子』、高分子化学刊行会、1961年、209頁、214-217頁。
─── 「ビニロンの発明」、桜田一郎他『化学の小径』、学生社、1978年。
シュタウディンガー、小林義郎訳『研究回顧』、岩波書店、1966年、87及び89頁。
菅尾源治「ナイロンの出現とわが蚕糸業の将来」、『ナイロン』、218-224頁。
相馬順一「高分子化学研究のあけぼの」、『高分子加工』、高分子刊行会、1975年9月号-1976年10月号（連載）。
武田晴人編『日本産業発展のダイナミズム』、東京大学出版会、1995年、254-261頁。
田中穣「日本繊維産業の将来」、『化学経済』、化学経済研究所、1965年5月号、68-71頁；同6月号、71-75頁。
─── 「合繊企業の経営戦略」、『化学経済』、化学経済研究所、1965年6月号-1967年8月号（連載）。
棚橋啓三「合成繊維ナイロンの克服へ」、『科学画報』、1939年6月号、9-13頁。
通商産業省産業構造審議会編『80年代の通商産業ビジョン』、通商産業調査会、1980年、117頁。
『帝国人造絹糸株式会社 創立30周年記念誌』、1949年。

『東洋レーヨン社史』、社史編集委員会編、1954年、290頁。
『東レ50年史』、社史編集委員会編、1977年。
『東レ時報』、東洋レーヨン株式会社、1953年12月号、4-5頁。
富久力松『蝸牛随筆』、創元社、1966年、10頁。
『ナイロン』、紡織雑誌社、1939年、135-146頁。
長野浩一、山根三郎、豊島賢太郎『ポバール』、高分子刊行会、1970年、5-35頁。
中原虎男「幽霊東より来る」、『人絹』、日本人造絹織物工業組合連合会、
　　　　1939年5月号、125-129頁。
成田時治「ナイロンの応用繊維工学的性質の二三について」、『ナイロン』、
　　　　135-146頁。
『日本合成繊維研究協会昭和17年度第3回事業報告書』
『日本合成繊維研究協会年報 "合成繊維研究" 第一巻第二冊』、財団法人
　　　　高分子化学協会事務局編、1944年、798頁。
日本科学者会議編『テクノポリスと地域開発』、大月書店、1985年、11-17頁。
『日本化学繊維産業史』、日本化学繊維協会、1974年。
日本経済新聞社編『シリコンバレー革命』、日本経済新聞社、1996年。
『日本繊維産業史（各論編、総論編）』、繊維年鑑刊行会、1958年。
野原陽一「合成繊維産業育成対策の思い出」、『化繊月報』、化繊月報刊行會、
　　　　1961年10月号、70-73頁。
林　衛「ナイロンと蚕糸業」、『ナイロン』、211-213頁。
星野孝平「アミランの発明より工業化まで」、『東邦経済』、東邦経済社、
　　　　1951年4月号、4-7頁。
─────「ナイロンの研究から工業化まで」、『化繊月報』、化繊月報刊行會、
　　　　1968年10月号、64-65頁。
─────「ナイロン6の開発の経過を顧み」、『日化協月報』、日本化学工業
　　　　協会、1968年4月号、6-11頁。
『星野敏雄先生還暦記念集』、星野敏雄先生退官記念事業会編、1960年、81-
　　　　82頁。
牧原犬治「合成繊維漁網網発展の思い出」、『化繊月報』、化繊月報刊行會、
　　　　1961年10月号、107-109頁。
村井　清「ナイロンの特性とその靴下について」、『ナイロン』、70-110頁。
目代　渉「戦時中におけるナイロン研究の思い出」、『化繊月報』、化繊月報
　　　　刊行會、1968年10月号、41-42頁。
守屋典郎『日本資本主義発達史』、青木書店、1969年。
「矢沢将英博士回顧談（上）」『繊維化学』、日本繊維センター、1967年9月号、
　　　　18-22頁。
「矢沢将英博士回顧談（下）」『繊維化学』、日本繊維センター、1967年10月

　　　　号、35-38 頁。
・山岸仁三郎「ナイロン創業期の思い出」、『化繊月報』、化繊月報刊行會、
　　　　1968 年　10 月号、66-67 頁。
・李升基『ある朝鮮人学者の手記』、未来社、1969 年。
・渡辺一郎「ビニロン開発の苦心」、『化繊月報』、化繊月報刊行會、1961 年
　　　　9 月号、60-61 頁。

【著者紹介】

井上尚之（いのうえ・なおゆき）

1954年生まれ。京都工芸繊維大学卒業。大阪府立大学大学院博士課程修了。
理学博士、博士（学術）。国・公・私立大学兼任講師。
環境マネジメントシステム ISO14001 審査員。環境計量士。

【専攻】科学技術史、環境マネジメント、化学教育。

【著書】『原子発見への道――ギリシャからドルトンへ』、関西学院大学出版会、2006。
『科学技術の発達と環境問題』、東京書籍、2002。
『科学技術の歩み―― STS的諸問題とその起源』（共著）、建帛社、2000。
『蒸気機関からエントロピーへ』（共訳）、平凡社、1989　ほか。

ナイロン発明の衝撃
ナイロンが日本に与えた影響

2006年3月20日　初版第一刷発行
2006年9月 1日　初版第二刷発行

著　　者　井上尚之
発 行 者　山本栄一
発 行 所　関西学院大学出版会
所 在 地　〒662-0891　兵庫県西宮市上ケ原一番町1-155
電　　話　0798-53-5233

印　　刷　協和印刷株式会社

©2006 Naoyuki Inoue
Printed in Japan by Kwansei Gakuin University Press
ISBN 4-907654-85-5
乱丁・落丁本はお取り替えいたします。
http://www.kwansei.ac.jp/press